Sitzungsberichte
der Akademie der Wissenschaften
der DDR
Mathematik - Naturwissenschaften - Technik

3 N

1986

H.-H. Emons / Th. Fanghänel /
R. Naumann / W. Voigt

Salzhydratschmelzen

Struktur — Eigenschaften — Anwendung

AKADEMIE-VERLAG BERLIN

Sitzungsberichte
der Akademie der Wissenschaften
der DDR
Mathematik — Naturwissenschaften — Technik

Jahrgang 1986 · Nr. 3 N

H.-H. Emons / Th. Fanghänel / R. Naumann / W. Voigt

Salzhydratschmelzen

Struktur — Eigenschaften — Anwendung

AKADEMIE-VERLAG BERLIN
1986

Vorträge, gehalten in der Sitzung
der Klasse Chemie am 24. 1. 1985

Herausgegeben im Auftrage
des Präsidenten der Akademie
der Wissenschaften der DDR
von Vizepräsident Prof. Dr. Heinz Stiller

ISBN 3-05-500011-0
ISSN 0138-3965
Erschienen im Akademie-Verlag Berlin, DDR-1086 Berlin, Leipziger Str. 3–4

Lizenznummer: 202 · 100/209/86
Printed in the German Democratic Republic
Gesamtherstellung: VEB Druckhaus Köthen
LSV 1215
Bestellnummer: 763 6268
00450

Inhalt

Hans-Heinz Emons/Thomas Fanghänel/Wolfgang Voigt

Salzhydratschmelzen — ein Bindeglied zwischen Elektrolytlösungen und Salzschmelzen

1. Die Grenzfälle: verdünnte Lösung und Salzschmelzen

Salz-Wasser-Systeme nehmen in den verschiedensten Bereichen der Stoffwandlung — nicht nur bei der Salzgewinnung — einen bedeutenden Platz ein, wobei in den letzten Jahren den Eigenschaften dieser Systeme bei hohen Konzentrationen und Temperaturen ein wachsendes Interesse entgegengebracht wird.

1.1. Struktur

Schaut man sich die Konzentrationsskala (Abb. 1) an, so befinden sich an einem Ende die unendlich verdünnten Lösungen und an dem anderen die geschmolzenen Salze.

Salze starker Säuren und Basen wie Natriumchlorid (NaCl) liegen in beiden Grenzfällen als vollständig in Ionen dissoziiert vor. Im Falle der verdünnten Lösungen sind diese Ionen in die Wasserstruktur eingebettet. In Abhängigkeit von der Natur der Ionen wird die Wasserstruktur in unterschiedlichem Maße zerstört und reorganisiert. Da bis heute noch kein befriedigendes Strukturmodell für reines flüssiges Wasser aufgestellt werden konnte, wird der Einfluß der Ionen nur relativ zu den strukturellen, energetischen und kinetischen Kenngrößen von reinem Wasser diskutiert. Qualitativ

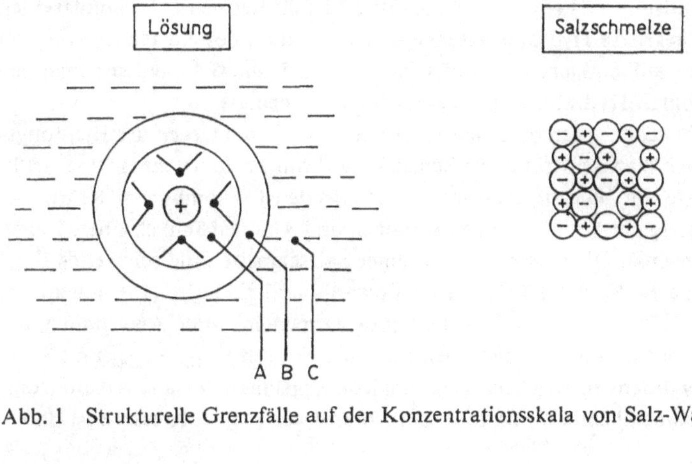

Abb. 1 Strukturelle Grenzfälle auf der Konzentrationsskala von Salz-Wasser-Systemen

sind alle wesentlichen Effekte z.B. mit dem 3-Zonen-Hydratationsmodell von Frank, Wen [1] bzw. Frank, Evans [2] erklärbar.

Auf der linken Seite der Abbildung 1 sind diese drei Zonen um das Ion schematisch angedeutet. Zone A, in unmittelbarer Nähe des Ions, besteht aus Wassermolekülen, deren Dipole zum Ion ausgerichtet sind, so daß eine geordnete Struktur vorliegt (Strukturbildung, Frank). Auf Grund der Stärke der Wechselwirkung besitzen diese Wassermoleküle eine geringere Beweglichkeit als in reinem Wasser (positive Hydratation, Samoilov [3]). Im Bereich C liegt die Struktur des reinen Wassers vor, während B eine Struktur-Bruchzone (miss-match) darstellt, in der ein gegenüber reinem Wasser verringerter Ordnungsgrad (Strukturbrechung, Frank, Evans [2]) und eine erhöhte Beweglichkeit vorliegt. Je nach dem Ladungs/Radius-Verhältnis der Ionen sind diese Zonen in unterschiedlichem Maße ausgeprägt. Ionen mit einem großen Wert des Ladungs/Radius-Verhältnisses wie Li^+, Mg^{2+}, Al^{3+} bilden innerhalb der Zone A neben der primären noch eine sekundäre Hydrathülle aus. Für große Ionen wie Cs^+ oder I^- sollte die Bruchzone B bis unmittelbar an das Ion heranreichen können. Da sich in den physikalisch-chemischen Eigenschaften der Elektrolytlösungen immer der summarische Effekt aller Hydratationsbereiche widerspiegelt, ist daraus keine eindeutige Aussage über die Ausdehnung der verschiedenen Zonen ableitbar. Die heutigen direkten Strukturbestimmungsmethoden (elastische Neutronenbeugung und Röntgenbeugung) liefern nur über die primäre Hydrathülle Aussagen (Hunt, Friedmann [4]). Die bisherigen Ergebnisse zur Anwendung der inelastischen Neutronenbeugung auf Elektrolytlösungen lassen für die nächste Zukunft auch detailliertere Erkenntnisse über Aufbau und Mikrodynamik der sekundären Hydrathülle erwarten (Hewish 1982 [5]). Zu vertieften Vorstellungen über die Ionenhydratation führte in letzter Zeit vor allem die Methode der Molekül-Dynamischen Simulation (MD-Rechnungen). So konnte Geiger [6] mit Hilfe von MD-Rechnungen die Vorstellungen zum 3-Zonen-Modell bestätigen und die Abhängigkeit der Ionenausbildung von der Ladung demonstrieren. MD-Rechnungen liegen auch von Lithiumiodid (LiI)- [7—11], Natriumchlorid (NaCl)- [12], Ammoniumchlorid (NH_4Cl)- [13] und Magnesiumchlorid ($MgCl_2$)-Lösungen [14] vor. In Abbildung 2 ist die aus den MD-Simulationen [14] errechnete integrierte Hydratationsenergie als Funktion des Abstandes vom Ion für Na^+ und Mg^{2+} aufgetragen. Die Stufen zwischen 3,5 und 5 Å verdeutlichen den Anteil der sekundären Hydrathülle an der Hydratationsenergie.

Im Falle der einfachen geschmolzenen Salze wie NaCl liegen wegen der Richtungsunabhängigkeit der Wechselwirkung zwischen kugelförmigen Ionen einfachere strukturelle Verhältnisse vor. Die starken und weitreichenden Coulombschen Kräfte bewirken eine alternierende Anordnung von Kationen und Anionen ähnlich einem Ionenkristall (Abb. 1, rechts). Dieses Strukturbild einer Salzschmelze fand seine endgültige strukturanalytische Bestätigung 1975 durch Edwards und Enderby [15], indem am geschmolzenem NaCl aus Neutronenbeugungsexperimenten unter Anwendung der Isotopensubstitutionstechnik die partiellen Strukturfaktoren S_{ClCl}, S_{NaNa} und S_{NaCl} direkt bestimmt wurden. Inzwischen liegen analoge Ergebnisse für alle Alkalimetallchloride, Erdalkalimetallchloride und für Zinkchlorid vor [16]. Interessant ist dabei,

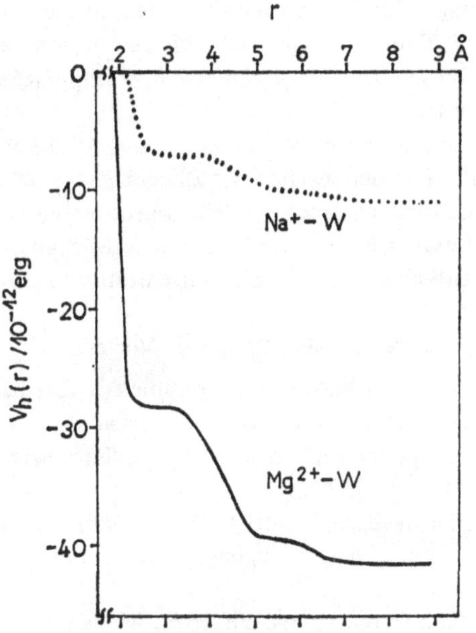

Abb. 2 Integrierte Hydratationsenergien V_h für Mg^{2+} und Na^+ als Funktion des Ion-Sauerstoff-Abstandes r [14]

daß die Ergebnisse der Neutronenbeugung an den Alkalimetallchloriden in allen wesentlichen Aussagen mit MD- und MC-(Monte-Carlo-)-Simulationen [17] an Kugeln mit einfachen Ion-Ion-Potentialen nach Huggins-Mayer [18] übereinstimmen. So zeigen z. B. die Simulation als auch die Beugungsexperimente, daß mit zunehmendem Kationenradius die Kontakthäufigkeit gleichsinnig geladener Ionen zunimmt.

1.2. Thermodynamische Modelle

Zur Beschreibung und Modellierung der thermodynamischen Exzeßgrößen in verdünnten bis konzentrierten Elektrolytlösungen erweist sich das von Pitzer 1973 [19] vorgeschlagene Gleichungssystem als sehr vorteilhaft. Neben dem Debye-Hückel-Term erfolgt eine Aufspaltung in Ion-Ion-Paarwechselwirkungs- und Tripelwechselwirkungsanteile, wobei mit allen Termen immer die Wechselwirkung von hydratisierten Ionen beschrieben wird.

Die allgemeine Form des Virialreihenansatzes für den osmotischen Koeffizienten nach Pitzer für den einfachsten Fall eines binären Salz-Wasser-Systems (MX-H_2O) ist in Gleichung (1) wiedergegeben.

$$\Phi - 1 = [z_M z_X] f^{\Phi} + m(2\nu_M \nu_X/\nu)\, B_{MX} + m^2[2(\nu_M \nu_X)^{3/2}/\nu]\, C^{\Phi}_{MX} \qquad (1a)$$

$$f^{\Phi} = -A_{\Phi}[I^{1/2}/(1 + b\, I^{1/2})] \qquad (1b)$$

$$B^{\Phi}_{MX} = \beta^{(0)} + \beta^{(1)} \exp(-\alpha I^{1/2}) \qquad (1c)$$

(Φ – osmotischer Koeffizient; z – Ladungszahl; ν – Anzahl der Ionen, in die der Elektrolyt dissoziiert; ν_M – Anzahl der Kationen; ν_X – Anzahl der Anionen; I – Ionenstärke; m – Molalität; A_Φ – Debye-Hückel-Konstante; α, b – empirische Konstante; $\beta^{(0)}$, $\beta^{(1)}$ – Pitzer-Koeffizienten)

Die Coulombschen Wechselwirkungen sind im ersten Virialkoeffizienten f^Φ durch den Debye-Hückel-Term zusammengefaßt. Für den zweiten Virialkoeffizienten B^Φ, der ein Ausdruck für den Ionenpaarwechselwirkungsanteil darstellt, wurde ein empirischer optimaler ionenstärkeabhängiger Ansatz gewählt. Der Tripelwechselwirkungsanteil, der im dritten Virialkoeffizienten enthalten ist, wird als konzentrationsunabhängig betrachtet.

Dieses Gleichungssystem hat gegenüber anderen Ansätzen folgende Vorteile:

1. Es wird nur eine relativ geringe Anzahl von adjustierbaren Parametern für die Beschreibung der Konzentrationsabhängigkeit der Aktivitäten bzw. osmotischen Koeffizienten benötigt. Für ein binäres System sind in der Regel 3 Parameter ausreichend.
2. Im Vergleich mit anderen Ansätzen werden die experimentellen Daten bis zu relativ hohen Salzkonzentrationen (meist bis 6 molal oder Sättigungskonzentration bei 25 °C) durch das Modell wiedergegeben.
3. Aus den Daten der Randsysteme können höhere Systeme aufgebaut werden.

Auf der Seite der geschmolzenen Salze sind es einfache Quasigittermodelle, die eine quantitative Behandlung der thermodynamischen Eigenschaften von Mischungen geschmolzener Salze ermöglichen. Die Ionen werden entsprechend dem Strukturbild einer idealen Salzschmelze auf ein Kationen- und ein Anionengitter aufgeteilt gedacht. Die einzelnen Modelle unterscheiden sich dann durch die Formulierung der Verteilungsfunktionen innerhalb dieser Salzgitter. Breiteste Anwendung fand und findet das Temkin-Modell [20] als idealer Bezugszustand, bei dem eine statistische Ionenverteilung innerhalb der Salzgitter angenommen wird. Mit anderen Worten heißt das, daß für die Berechnung des Konfigurationsanteils der Mischungsentropie $\Delta_m S$ angenommen wird, daß freie Vertauschbarkeit in den Gitterpositionen der Kationen untereinander und der Anionen untereinander vorliegt, aber die Position eines Kations nicht gegen die eines Anions ausgetauscht werden kann, ohne daß gleichzeitig die Energie des Systems geändert wird.

Für die Mischungsentropie einer Mischung der Salze $MX + M'Y$ ergibt sich dann

$$\Delta_m S = R\,[x_M \ln x_M + x_X \ln x_X + x_{M'} \ln x_{M'} + x_Y \ln x_Y] \tag{2a}$$

$$x_M = 1 - x_{M'} = \frac{n_M}{n_M + n_{M'}} \tag{2b}$$

$$x_X = 1 - x_Y = \frac{n_X}{n_X + n_Y} \tag{2c}$$

wobei x_i als Ionenbruch des Kations oder Anions i bezeichnet wird (R – Gaskonstante).

Das Gittermodell von Blander [21] geht davon aus, daß die Verteilung der Anionen auf ihrem Gitter von der spezifischen Wechselwirkungsenergie mit den Kationen abhängt. Mit diesem Modell wurden insbesondere Assoziationskonstanten im reziproken System berechnet, wenn eine Komponente in hoher Verdünnung vorliegt. Auch auf Salzschmelzen mit geringen Wassergehalten ist es anwendbar, wenn man postuliert, daß die Wassermoleküle nur Plätze im Anionengitter besetzen. Auf diese Weise konnte die Abhängigkeit von Assoziationskonstanten vom Wassergehalt der Schmelzen [22] sowie kürzlich auch die Überführungsenthalpie von Wasser aus reinem Wasser in eine binäre Mischung geschmolzener Nitrate [23] quantitativ formuliert werden.

2. *Wege zur Erfassung des gesamten Konzentrationsbereiches*

Ausgangspunkt: verdünnte Lösung

Mit der von Debye und Hückel selbst eingeführten erweiterten Gleichung unter Berücksichtigung der Ionenradien können Aktivitätskoeffizienten in günstigen Fällen bis zu Konzentrationen von etwa einem mol Salz/kg H_2O beschrieben werden. Durch Einbeziehung weiterer, bei höheren Konzentrationen bedeutsam werdender Effekte wie Hydratation (Stokes, Robinson [24]), dielektrische Sättigung (Scatchard [25]) oder Überlappung der Hydratationssphären (Gurney [26], Friedman [27]) wurde versucht, den Gültigkeitsbereich der Gleichung zu immer höheren Konzentrationen hin zu erweitern. Da für keinen dieser Effekte eine explizite theoretische Berechnung möglich ist, müssen zusätzliche adjustierbare Parameter eingeführt werden, deren Anzahl mit Vergrößerung des Konzentrationsbereiches wächst. Eine sinnvolle Anwendung dieser Gleichungen scheint daher bis zu Konzentrationen von etwa 6 molal gegeben zu sein.

Aufstellen von Struktur-Mischungsmodellen

Bei der Aufstellung solcher „Mischungsmodelle" geht man davon aus, daß die Eigenschaften einer Elektrolytlösung durch eine gewichtete Addition der Eigenschaften der unendlich verdünnten Lösung und der Salzschmelze beschrieben werden können. Das Problem besteht dann im Auffinden einer geeigneten Wichtungsfunktion. Einen ersten Versuch in dieser Richtung unternahm Lietzke [28] mit seinem „Zwei-Strukturen"-Modell, mit dem jedoch nur Aktivitätskoeffizienten bis zu maximalen Konzentrationen von 2 mol/dm^3 gefittet wurden. Der Salzschmelzanteil wurde dabei nicht explizit eingeführt, sondern nur hypothetisch in der Gleichung formuliert und aus dem Fit der experimentellen Daten als solcher interpretiert.

Pitzer [29] ging davon aus, daß die freie Exzeßmischungsenthalpie aus einem Debye-Hückel-Anteil und einem Nichtelektrolytmischungsterm zusammengesetzt werden kann. Unter Verwendung des van Laar'schen Ansatzes für binäre Nichtelektrolytmischungen konnte er für die Systeme (Li, K) NO_3-H_2O und (Ag, Tl) NO_3-H_2O die experimentellen Werte der Aktivitätskoeffizienten über den gesamten Molenbruchbereich beschreiben (Abb. 3). Allerdings ist dieser Ansatz nicht auf Systeme mit stark hydratisierenden Salzen wie Lithiumchlorid (LiCl), Calciumchlorid ($CaCl_2$) anwendbar.

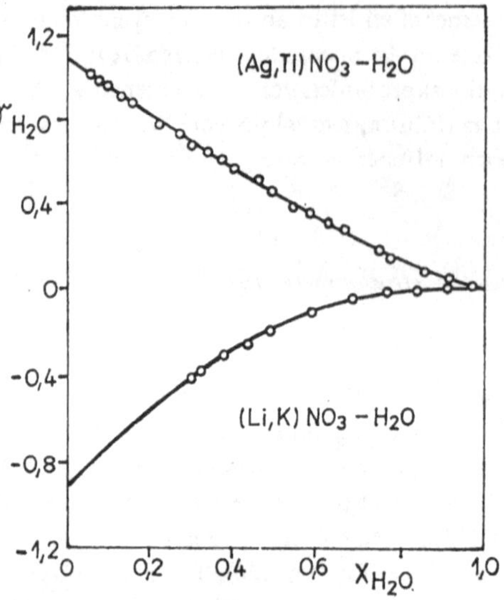

Abb. 3 Aktivitätskoeffizienten von Wasser γ_{H_2O} in den Systemen (Ag, Tl)NO_3-H_2O und (Li, K)NO_3-H_2O bei 100°C [29]

Ausgangspunkt: Hydratschmelzen

Den Schmelzen von Salzhydraten wie $MgCl_2 \cdot 6H_2O$ (Fp. 117°C), $Ca(NO_3)_2 \cdot 4H_2O$ (Fp. 39°C), $CaCl_2 \cdot 6H_2O$ (Fp. 29°C) kommt innerhalb der Konzentrationsskala von Salz-Wasser-Systemen eine besondere Bedeutung zu [30]. Braunstein bezeichnete diese Hydratschmelzen als den „natürlichen Endpunkt“ von Lösungsmodellen vom erweiterten Debye-Hückel-Typ und macht das auch in seiner Aufteilung der Konzentrationsskala in charakteristische Bereiche deutlich (Abb. 4) [31]. Die Aufstellung von „Struktur-Mischungsmodellen“ mit den Hydratschmelzen als einem Bezugszustand erscheint ein erfolgversprechender Weg zu sein. In bezug auf den Wassergehalt repräsentieren Hydratschmelzen zum einen die obere Grenze für Lösungsmodelle und zum anderen die untere Grenze für Modelle einfacher Salzschmelzen. Über die Formulierung zweier „Struktur-Mischungsmodelle“, nämlich unendlich verdünnte Lösung – Hydratschmelze und Hydratschmelze-Salzschmelze, sollte somit der gesamte Konzentrationsbereich der Salz-Wasser-Systeme erfaßbar sein. Dieser „Doppelcharakter“ der Hydratschmelzen spiegelt sich auch in ihren physikalisch-chemischen Eigenschaften wider. Unter der Annahme, daß alles Wasser fest an den Kationen koordiniert ist, kann die Salzhydratschmelze als eine Salzschmelze mit großen, polarisierten Kationen behandelt werden.

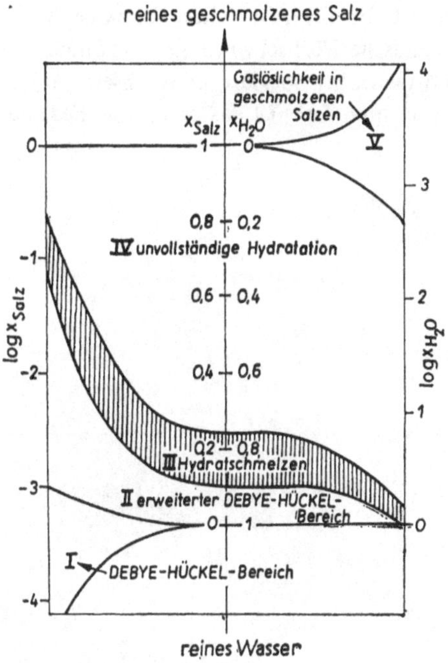

Abb. 4 Einführung der Konzentrationsskala nach Braunstein [31]

In Abbildung 5 sind zur Illustration dieser Analogie zwei Phasendiagramme mit Zinkchlorid ($ZnCl_2$) gegenübergestellt [32]

– oben das Diagramm mit $Mg(H_2O)_6Cl_2$, also dem Magnesiumhexaquoion als zweites Kation und
– unten das Diagramm mit CsCl mit Caesium als zweites Kation.

Die Ähnlichkeiten in der Abfolge der Verbindung und ihrem Schmelzverhalten sind klar erkennbar. Andererseits ist der Wassergehalt dieser Hydratschmelzen zu hoch, um ihre thermodynamischen Eigenschaften mit einfachen Quasigitter-Salzschmelzen-Modellen zu beschreiben [30]. Hierzu kommt, daß, wie spektroskopisch für Calciumnitrat ($Ca(NO_3)_2$) [33, 34] und Zinknitrat ($Zn(NO_3)_2$) [35] nachgewiesen wurde, bei Verringerung des Wasserüberschusses auf Werte, wie sie in den Hydratschmelzen vorliegen, direkter Kationen-Anionen-Kontakt auftritt. Das bedeutet, daß die Anionen in gewissem Maße erfolgreich mit dem Wasser um die Koordination am Kation konkurrieren. Anhand der Wechselwirkungsenergien zwischen Kation-Anion, Kation-Wasser und Anion-Wasser (Tab. 1) ist leicht einzusehen, daß das Anion im allgemeinen nicht mit dem Kation um das Wasser konkurrieren kann (d.h., nur die Kationen hydratisiert sind, eine Ausnahme bilden die Fluoridionen). Die Wechselwirkungsenergien Kation-Anion sind zwar größer als die Kation-Wasser-Wechselwirkung, aber in den meisten Fällen von vergleichbarer Größe. Das bedingt eine entsprechend hohe Wahrscheinlichkeit für die Ausbildung direkter Kation-Anion-Kontakte, ohne daß spezifische chemische Wechselwirkungen (im Sinne kovalenter Bindungen) vorliegen müssen. Bei Anwesenheit spezifischer Wechselwirkungen, wie z. B. bei den Übergangsmetallionen Zn^{2+} und Fe^{3+} ist das bereits bei bedeutend

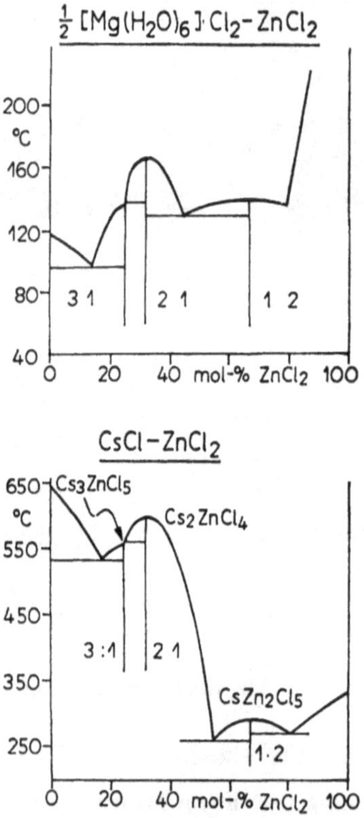

Abb. 5 Die Phasendiagramme $[Mg(H_2O)_6Cl_2]-ZnCl_2$ und $CsCl-ZnCl_2$ [32]

Tabelle 1 Wechselwirkungsenergien

$\varepsilon_{(+)-(-)}$	kJ/mol	$\varepsilon_{(+)-(H_2O)}$	kJ/mol	$\varepsilon_{(-)-(H_2O)}$	kJ/mol
$Li^+ - Cl^-$	627	$Li^+ - OH_2$	142	$Cl^- - H_2O$	55
$Li^+ - I^-$	565	$Na^+ - OH_2$	100	$I^- - H_2O$	43
$Na^+ - Cl^-$	544	$K^+ - OH_2$	75	$NO_3^- - H_2O$	52
$K^+ - Cl^-$	481	$Cs^+ - OH_2$	50		
$Cs^+ - Cl^-$	460				
$Cs^+ - I^-$	414				

höheren Wassergehalten der Fall. Das aus der Koordinationssphäre der Kationen verdrängte Wasser ist relativ „frei“ und verleiht der Hydratschmelze in gewissem Sinne „Lösungscharakter“.

3. Der Übergang Lösung-Hydratschmelze-Salzschmelze

Von nicht unbeträchtlichem Wert für die Modellbildung war in der Vergangenheit das Studium der Eigenschafts-Konzentrations-Diagramme von Salz-Wasser-Systemen bis nahe an den Bereich der Hydratschmelzen. Dazu wurden insbesondere Transporteigenschaften herangezogen. In Abbildung 6 ist z.B. die Temperaturabhängigkeit der Ultraschallgeschwindigkeiten für Bariumperchlorat ($Ba(ClO_4)_2$)-Lösungen [36] verschiedener Konzentrationen aufgetragen. Bei geringen Salzgehalten (untere Kurven) liegt ein positiver Temperaturkoeffizient vor, der auf die Existenz von noch vorhandenen Anteilen der lockeren Wasserstruktur zurückzuführen ist. Ab einer Konzentration von etwa 2,3 molal ($R_H = 24$) schlägt der Temperaturkoeffizient zu negativen Werten hin um und nähert sich dann allmählich dem Wert des Salzhydrates an. Auch die Lage der Maxima der spezifischen elektrischen Leitfähigkeit wurde zur Festlegung eines Übergangsbereiches vom wasserähnlichen Verhalten zu dem der Hydratschmelze herangezogen [37]. Der Konzentrationsbereich für das Auftreten des Maximums korreliert dabei in erster Linie mit dem Ladungstyp des Salzes. Zur Illustration dieses

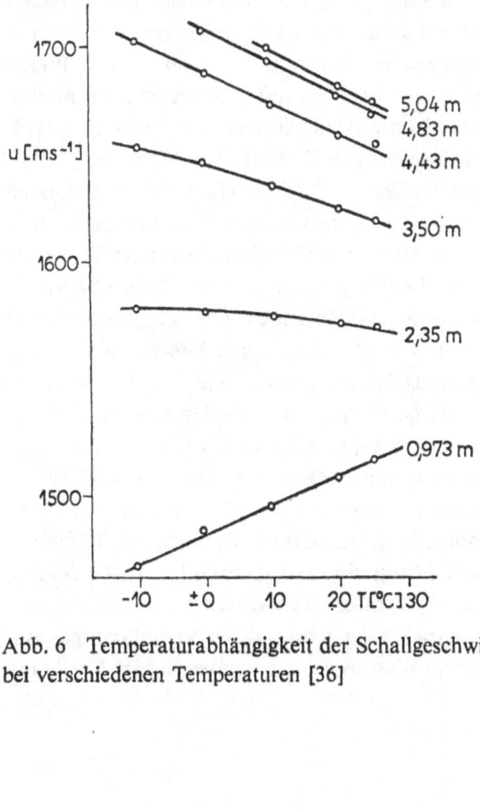

Abb. 6 Temperaturabhängigkeit der Schallgeschwindigkeit U im System $Ba(ClO_4)_2 - H_2O$ bei verschiedenen Temperaturen [36]

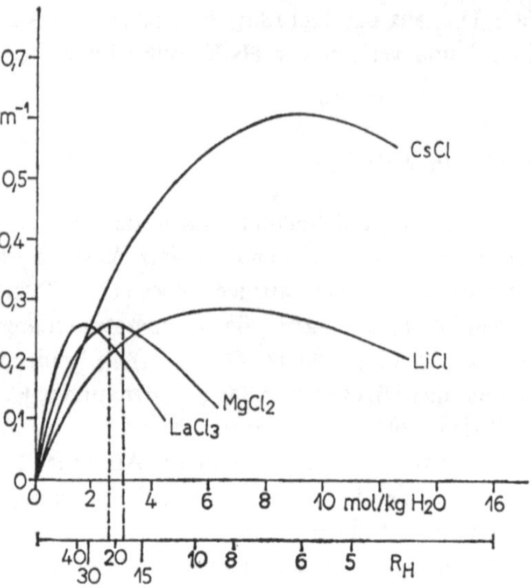

Abb. 7 Konzentrationsabhängigkeit der spezifischen elektrischen Leitfähigkeit [37]

Sachverhaltes ist in Abbildung 7 die Konzentrationsabhängigkeit der elektrischen Leitfähigkeit für LiCl, CsCl, $MgCl_2$ und $LaCl_3$ bei 50°C dargestellt. Für 2:1-Elektrolyte – wie z.B. $MgCl_2$ – liegt das Maximum bei molaren Wasser-Salz-Verhältnissen von $R_H = 18$ bis 22. Bei kleineren R_H-Werten sollte also kein „freies" Wasser mehr vorhanden sein. Dies steht in Übereinstimmung mit Interpretationen anderer experimenteller Befunde, wonach die Chloridionen durchschnittlich mit 3 H_2O-Molekülen hydratisiert und die kleinen zweiwertigen Kationen wie Mg^{2+}, Ni^{2+}, Co^{2+} usw. in der Lage sind, 12 bis 13 Moleküle Wasser in ihrer Hydrathülle zu binden. 6 Moleküle befinden sich dabei in der primären (inneren) Hülle und die restlichen in der (äußeren) sekundären, gebunden über Wasserstoffbrücken. Während bei relativ hohen Wassergehalten, wie am Beispiel der Leitfähigkeit gezeigt, für eine große Anzahl von Salz-Wasser-Systemen in den Transporteigenschaften ein Übergangsverhalten zu finden ist, ergeben sich im Bereich der Hydratschmelzen keine Maxima bzw. Änderungen im Kurvenverlauf. Rein thermodynamische Größen, wie z.B. Wasseraktivitätsdaten liegen nur für sehr wenige Systeme bis zum Bereich der Hydratschmelzen vor, von denen einige jedoch ein Übergangsverhalten zwischen $R_H = 4$ bis 9 andeuten, wie z.B. ein stärkeres Ansteigen der Verdampfungsenthalpie im System (Li, K)NO_3 – H_2O bei $R_H \sim 4$ [38] (Abb. 8). Gleichzeitig zeichnet sich ab, daß bei Salzen mit großen Ionenradien und niedriger Ladungszahl, wie z.B. im System (Ag, Tl) NO_3 – H_2O, ein solches Übergangsverhalten nicht auftritt. Für diese Salze ist die Bildung von Kontaktionenpaaren auch bei höheren Wassergehalten typisch. In Abbildung 9 haben wir versucht, die grundlegenden Aspekte der strukturellen Veränderungen und des Übergangsverhaltens mit abnehmendem Wassergehalt zu verdeutlichen. Die Transporteigenschaften (und das Molvolumen) sprechen besonders empfindlich auf die Besonderheiten der Wasserstruktur an. Beim Übergang von den verdünnten zu den konzentrierten Lösungen verschwinden die Wasserstrukturanteile, was sich in einem Übergangsverhalten dieser Eigenschaften äußert. Im Bereich dieses Übergangs tritt aber keine Änderung im Wechselwirkungstyp auf, d.h. auch in hochkonzentrierten

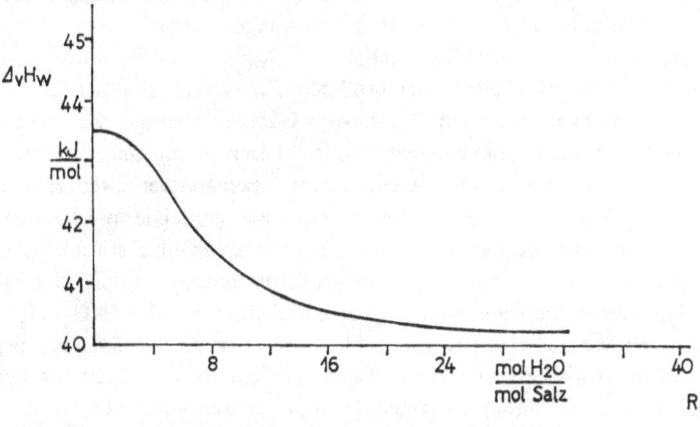

Abb. 8 Konzentrationsabhängigkeit der Verdampfungsenthalpie $\Delta_v H_W$ im System (Li, K) NO_3-H_2O bei 120°C [38]

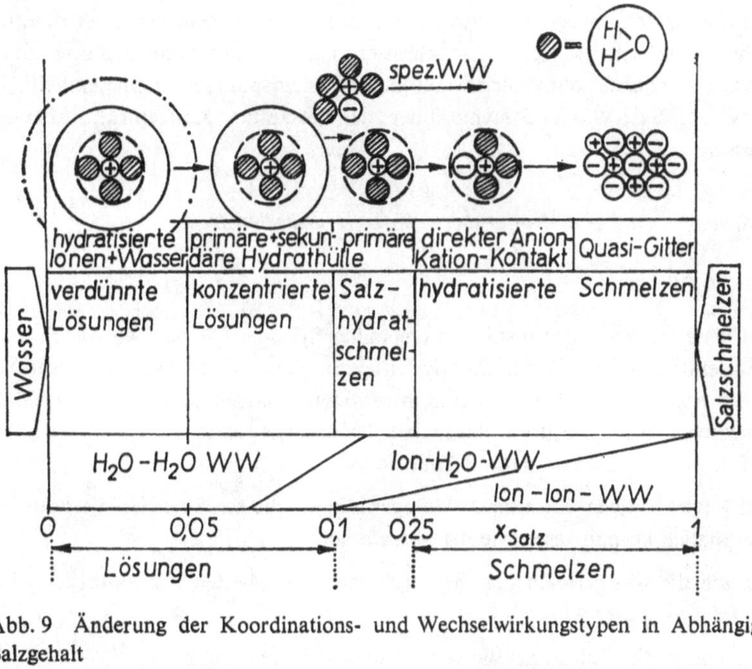

Abb. 9 Änderung der Koordinations- und Wechselwirkungstypen in Abhängigkeit vom Salzgehalt

Elektrolytlösungen dominieren die direkten H_2O -- H_2O-Wechselwirkungen. Deshalb schlägt sich dieser Übergang kaum in den energetischen Größen, wie den Verdampfungsenthalpien, nieder.

Anders ist die Situation bei den Hydratschmelzen. Im Idealfall würde das stark hydrophile Kation gerade mit einer primären Hydrathülle vollständig gegen die Anionen abgeschirmt sein. Somit würden nur direkte Ion-H_2O-Wechselwirkungen vorliegen (wenn man die lateralen H_2O -- H_2O-Wechselwirkungen vernachlässigt). Diese Bedingung ist exakt nur bei einem Wassergehalt von R_H = Koordinations- bzw. Hydratationszahl des Kations möglich. Bei größeren R_H-Werten sind zusätzliche H_2O-H_2O-Wechselwirkungen, bei kleineren Ion-Ion-Wechselwirkungen zu berücksichtigen. Im Bereich der Salzhydratschmelzen vollzieht sich damit eine Änderung im Wechselwirkungstyp, der sich dann auch in einem Übergangsverhalten energetischer Größen wie der Verdampfungsenthalpie zu erkennen gibt. Die in realen Systemen auftretende Anion-H_2O-Konkurrenz um die Koordination am Kation bewirkt eine „Aufweichung" dieses Übergangs über einen größeren Bereich, so daß auch bei relativ niedrigen R_H-Werten noch ein gewisser „Lösungscharakter" (also H_2O-H_2O-Wechselwirkungen) zu verzeichnen ist. Das sollte insbesondere auf Systeme wie $ZnCl_2-H_2O$ zutreffen. Aufbauend auf dieser Betrachtungsweise definieren wir den Bereich der Hydratschmelzen damit als einen Übergangsbereich auf der Konzentrationsskala bei Salzmolenbrüchen von etwa 0,1 bis 0,25, der sich durch das Vorherrschen der direkten Ion-Wasser-Wechselwirkungen auszeichnet, dessen untere Konzentrationsgrenze durch das Verschwinden der direkten Wasser-Wasser-Wechselwirkungen und dessen obere Konzentrationsgrenze durch das Einsetzen der direkten Kation-Anion-Wechselwirkungen charakterisiert ist. Aus der Untersuchung dieses Konzentrationsbereiches sollten sich wesentliche Gesichtspunkte für eine einheitliche Behandlung der Salz-Wasser-Systeme über den gesamten Konzentrationsbereich ableiten lassen.

4. Untersuchungen im Konzentrationsbereich der Hydratschmelzen

4.1. Stoffliche Auswahl

Die stoffliche Auswahl der bisher untersuchten Systeme [26, 39 –46] beschränkt sich im wesentlichen auf nitratische Systeme, da diese schon bei Temperaturen $<100°C$ die notwendig hohen Salzkonzentrationen zulassen und sich dadurch in konventionellen Glasapparaturen handhaben lassen. Von Interesse sollten aber gerade die Halogenide, insbesondere die Chloride sein:

1. weil die kugelförmigen 1-atomigen Halogenidionen die strukturellen Verhältnisse nicht zusätzlich komplizieren wie die Nitrationen,
2. weil gerade die wasserfreien Halogenidschmelzen am besten charakterisiert sind und
3. die Halogenide die weitaus größte wirtschaftliche Bedeutung besitzen.

Nicht zuletzt wegen unserer eigenen langjährigen Erfahrung aus den Untersuchungen der Alkalimetall- und Erdalkalimetallhalogenidschmelzen [47] entschlossen wir uns daher, die systematische Untersuchung der Metallhalogenid-Wasser-Systeme im Bereich molarer Wasser-Salz-Verhältnisse zwischen 6 bis 4 in Angriff zu nehmen.

4.2. Methoden und experimentelle Techniken

Als Untersuchungsmethoden werden insbesondere angewendet:

- Dampfdruckmessungen in hochkonzentrierten Erdalkalimetallchlorid-Wasser-Systemen bis zu Temperaturen von 250°C und Drücken von 0,1 MPa,
- Bestimmung der Fest-Flüssig-Phasengleichgewichte in hochkonzentrierten Salz-Wasser-Systemen bis zu Temperaturen von 250°C und
- Mischungskalorimetrische Messungen z.B. im System $ZnCl_2-LiCl-H_2O$ bei Temperaturen $<100°C$.

Die beiden ersten Methoden mußten auf Grund der Anforderungen, die sich aus den experimentellen Bedingungen, wie

Temperaturen $>100°C$
Drücke $>0,1$ MPa,
hohe Korrosivität der Salz-Wasser-Systeme,

ergeben, völlig neu entwickelt und aufgebaut werden.

Das Meßprinzip und den schematischen Aufbau der Dampfdruckapparatur zeigt Abbildung 10 [57]. Die Messungen erfolgen nach einem statischen Kompensations-

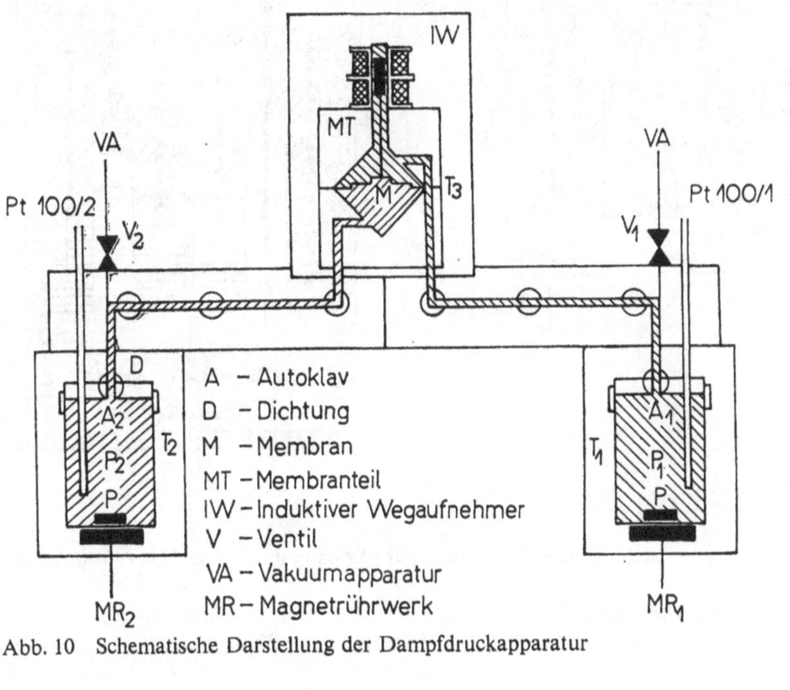

Abb. 10 Schematische Darstellung der Dampfdruckapparatur

verfahren. Die zu untersuchende Hydratschmelze befindet sich im Autoklaven A_2, der Autoklav A_1 ist mit bidestilliertem entgastem Wasser gefüllt. Die Dampfräume beider Autoklaven stehen über beheizte Rohrleitungen mit dem Membranteil MT in Verbindung. Die mit einem induktiven Wegaufnehmer gekoppelte Membran zeigt Druckdifferenzen <1 Pa an. Zur Bestimmung des Dampfdruckes wird die Hydratschmelze bei einer auf $\pm 0{,}01$ K konstanten Temperatur gehalten, während die Temperatur T_1 des reinen Wassers solange variiert wird, bis keine Druckdifferenz mehr meßbar ist. Der Dampfdruck der Hydratschmelze mit einer Temperatur T_2 ist damit gleich dem Sättigungsdampfdruck des Wassers der Temperatur T_1. Die gesamte Druckapparatur, d.h. Autoklaven, Rohrleitungen und Membranteil sind aus einer Titanium-Palladium-Legierung gefertigt.

Zur zweiten Apparatur:

Fest-Flüssig-Phasengleichgewichte von Salz-Wasser-Mehrkomponentensystemen im Konzentrationsbereich der Hydratschmelzen wurden bisher so gut wie nicht untersucht, weil unter diesen Temperatur-Konzentrations-Bedingungen die üblichen Me-

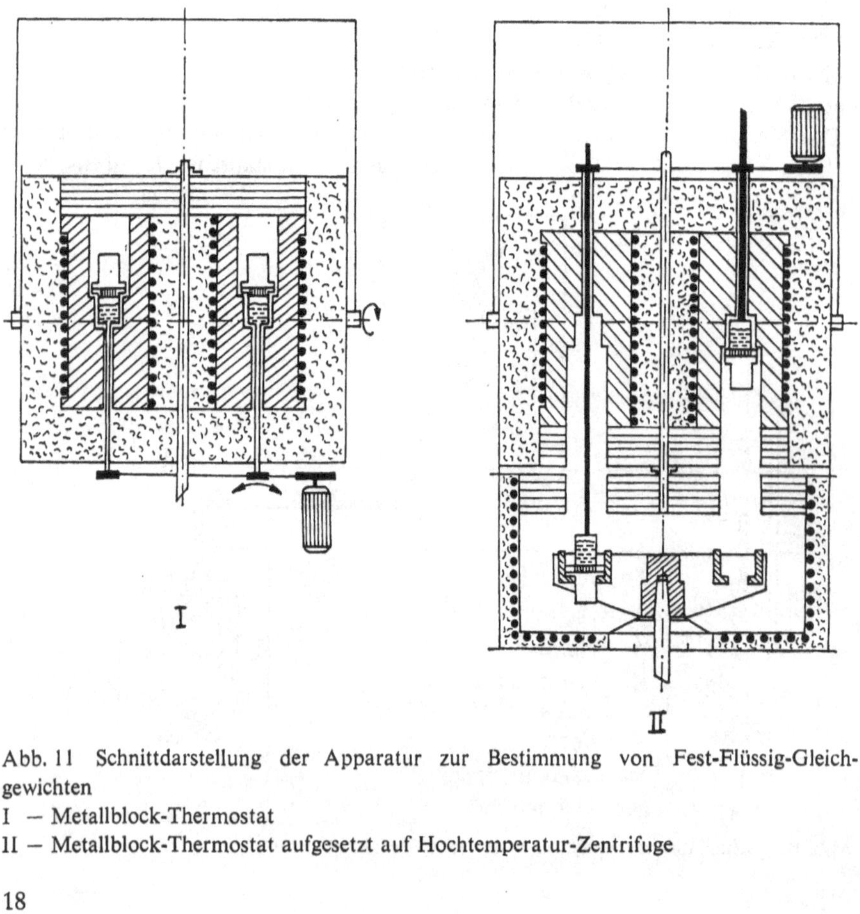

Abb. 11 Schnittdarstellung der Apparatur zur Bestimmung von Fest-Flüssig-Gleichgewichten

I – Metallblock-Thermostat

II – Metallblock-Thermostat aufgesetzt auf Hochtemperatur-Zentrifuge

thoden zur Löslichkeitsbestimmung, insbesondere der Fest-Flüssig-Phasentrennung versagen.

Die von uns entwickelte Versuchsanlage ist in Abbildung 11 in einer Schnittdarstellung wiedergegeben [58]. In einem als Thermostat ausgebildeten Aluminiumblock befinden sich 4 spezielle, aus einer Titanium-Palladium-Legierung gefertigte Autoklaven, die die Salz-Wasser-Systeme enthalten. Zur Einstellung des Fest-Flüssig-Gleichgewichtes werden die Ansätze bei konstanter Temperatur eine entsprechende Zeit durch Drehen der Autoklaven in ständig wechselnden Drehrichtungen intensiv durchmischt. Nach dieser Zeit wird der gesamte Block um die horizontale Achse um 180° gedreht und auf eine Hochtemperaturzentrifuge aufgesetzt, wie im rechten Teil der Abbildung zu erkennen ist. Der Deckel des Blockthermostaten und der der Zentrifuge werden über eine gemeinsame Drehachse gleichzeitig geöffnet und die Autoklaven in die ebenfalls auf Gleichgewichtstemperatur befindliche Zentrifuge abgesenkt. Die Phasentrennung erfolgt bei einer Drehzahl von 3000 min^{-1}, was einer Zentrifugalbeschleunigung von etwa 2000 g (g — Erdbeschleunigung) in der Zone der Filtration entspricht. Gleichzeitig erfolgt die Messung der Temperatur am rotierenden Autoklaven und eine entsprechende Regelung der Heizleistung, so daß auch während des Zentrifugierens eine Temperaturkonstanz von $\pm 0{,}2$ K gewährleistet ist.

4.3. Ergebnisse

Zunächst einige Ergebnisse der Dampfdruckmessungen an geschmolzenen Magnesiumchloridhydraten.

Der eingangs diskutierte Übergang aus dem Bereich der Lösung mit vorherrschender Wasser-Wasser-Wechselwirkung in den Bereich der Hydratschmelzen mit einem Überwiegen der Ion-Wasser-Wechselwirkung müßte sich deutlich in der thermodynamischen Charakteristik des Wassers widerspiegeln. Dieses Übergangsverhalten äußert sich deutlich in der Konzentrationsabhängigkeit der Verdampfungsenthalpie, die in Abbildung 12 dargestellt ist [48]. Die schwarzen Punkte stellen hierbei die von uns ermittelten Verdampfungsenthalpien für molare Wasser-Salz-Verhältnisse zwischen 8 bis 4,6 dar, während der Kurventeil für die verdünnten Lösungen auf Literaturdaten basiert. In Übereinstimmung mit unserem Schema in Abbildung 9 steigen die Verdampfungsenthalpien ab molaren Wasser-Salz-Verhältnissen <6 stark an, während im Bereich $R_H = 18$ bis 22, d.h. also im Bereich des Leitfähigkeitsmaximums, die Zunahme unwesentlich ist.

Als eine weitere geeignete Größe für die Diskussion der strukturellen und energetischen Aspekte erweist sich die partielle molare Verdünnungsenthalpie, da diese ein direktes Maß für die energetische Differenz der Wassermoleküle in einer Lösung und der in reinem Wasser ist.

In Abbildung 13 ist die partielle molare Verdünnungsenthalpie $\overline{L}_1$ in Abhängigkeit der Molalität bei verschiedenen Temperaturen für das System $MgCl_2-H_2O$ dargestellt. Zum Vergleich ist in der Konzentrationsskala der Wert für das molare Wasser-Salz-Verhältnis R_H mit angegeben. Die Daten für Temperaturen >523 K wurden

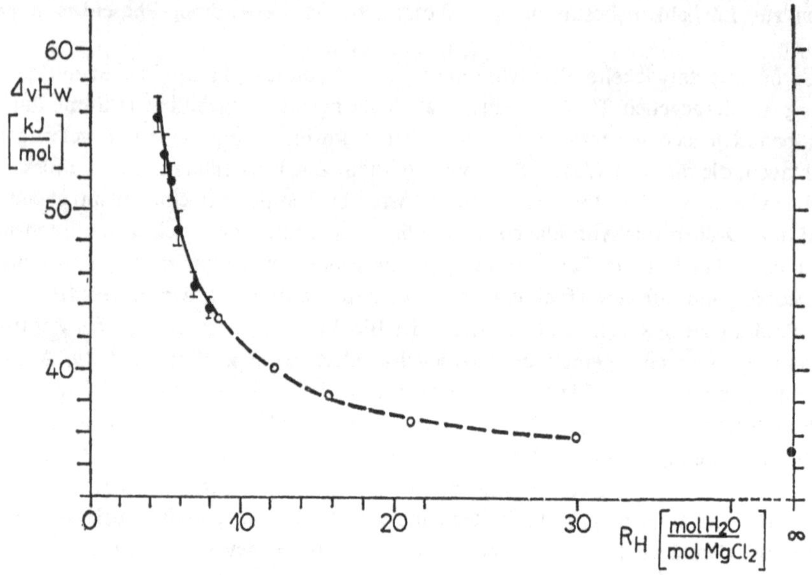

Abb. 12 Konzentrationsabhängigkeit der Verdampfungsenthalpie $\Delta_v H_W$ im System $MgCl_2-H_2O$ bei 200°C
○ extrapolierte Literaturdaten [49]
● eigene Werte

in Zusammenarbeit mit dem Kurnakow-Institut der Sowjetischen Akademie der Wissenschaften in Moskau erarbeitet [50, 51].

Bei $R_H = 6$ ist ein Schnittpunkt der Kurven deutlich erkennbar. Bei höheren Wassergehalten wird $\bar{L}_1$ mit steigender Temperatur exothermer, während für Wassergehalte <6 mol/mol $MgCl_2$ der umgekehrte Fall eintritt. Dieser exotherme Beitrag in $\bar{L}_1$ bei $R_H > 6$ resultiert aus der Abnahme der Wasser-Wasser-Wechselwirkung bei Temperaturerhöhung, die dazu führt, daß eine steigende Anzahl von Wassermolekülen im elektrischen Feld des Kations orientiert werden können.

Bei $R_H < 6$ sind alle Wassermoleküle am Mg^{2+} koordiniert, es dominiert die Ion-Wasser-Wechselwirkung. Die Temperaturabhängigkeit in $\bar{L}_1$ wird also nur noch durch die Temperaturabhängigkeit der Ion-Wasser-Wechselwirkung kontrolliert, die bekanntlich bei Temperaturerhöhung abnimmt.

Eine klare Widerspiegelung der Hydratschmelze als „natürlichen Endpunkt" von Lösungstheorien, wie es Braunstein formulierte, wird in Abbildung 14 gegeben [52]. Bei dieser für die Ermittlung von Salzaktivitätskoeffizienten typischen Auftragung der Konzentrationsabhängigkeit des osmotischen Koeffizienten wird sichtbar, daß die experimentellen Werte im Bereich des Übergangs Lösung—Hydratschmelze bei $R_H \sim 6$ ein Maximum durchlaufen, das mit der Pitzer-Gleichung nicht mehr beschrieben werden kann. Ähnliches stellen wir auch bei der Auswertung unserer KCl-

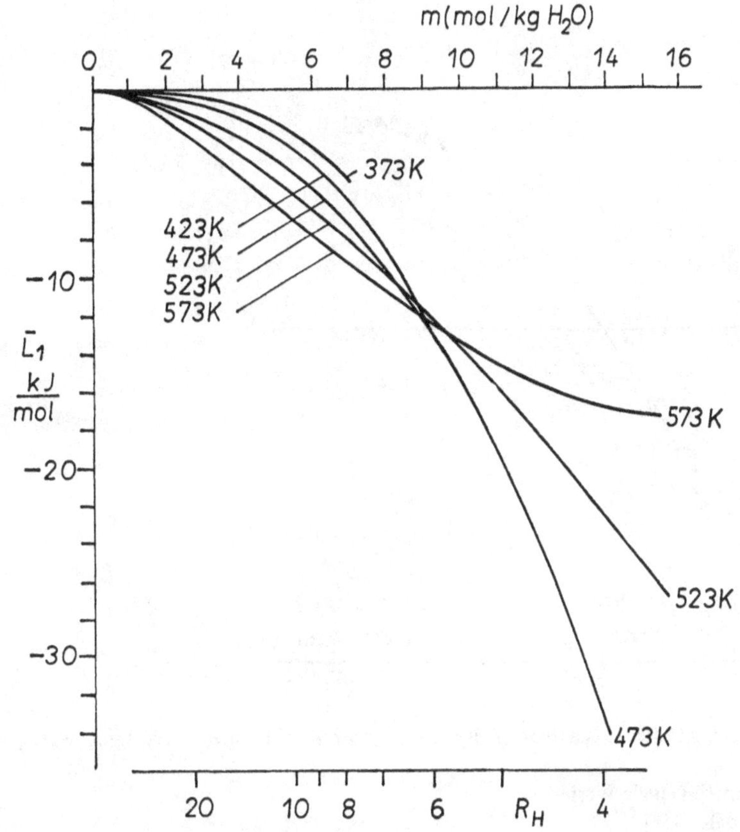

Abb. 13 Konzentrationsabhängigkeit der partiellen molaren Verdünnungsenthalpie $\bar{L}_1$ im System $MgCl_2-H_2O$ bei verschiedenen Temperaturen

Löslichkeitsbestimmungen in Abhängigkeit vom $MgCl_2$-Gehalt fest (Abb. 15). Die durchgezogene Kurve repräsentiert die nach dem Pitzer-Ansatz berechnete Abhängigkeit des Aktivitätskoeffizienten des Kaliumchlorids vom $MgCl_2$-Gehalt. Die eingetragenen Punkte stellen die experimentellen Werte aus den Löslichkeitsbestimmungen bei 170 °C dar. Die deutliche Divergenz zwischen experimentellen und berechneten Werten setzt wiederum bei molaren Wasser-$MgCl_2$-Verhältnissen von 6 ein. An dieser Stelle sei vermerkt, daß bei höheren Temperaturen etwa ab 300 °C, die Anpassung der Pitzer-Gleichung auch in den Bereich geringeren Wassergehaltes gelingt [51]. Offensichtlich bildet sich durch thermische Dissoziation des Hexaquomagnesiumions „freies" Wasser, das der weit über ihren Schmelzpunkt (Fp. = 117 °C) befindlichen Hydratschmelze wieder Lösungscharakter verleiht.

Erste Ergebnisse von Dampfdruckmessungen im ternären System $KCl-MgCl_2-H_2O$ untermauern die bisher getroffenen Aussagen.

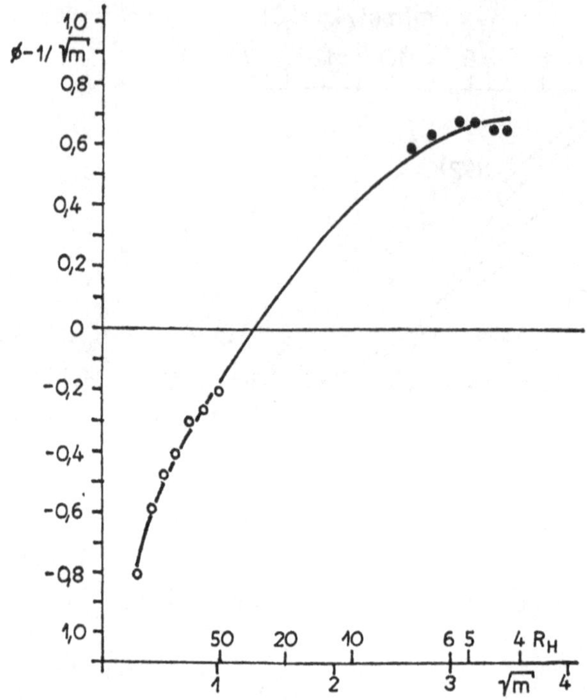

Abb. 14 Konzentrationsabhängigkeit der osmotischen Koeffizienten im System $MgCl_2$ – H_2O bei 200°C
● eigene experimentelle Werte
○ Literaturdaten [53]
– Pitzer-Gleichung

Wie Abbildung 16 zu entnehmen ist, ergibt die Zugabe von KCl zu einer $MgCl_2$-Hexahydratschmelze keinen signifikanten Einfluß auf die Wasseraktivität. Aufgetragen ist der Logarithmus der Wasseraktivität gegen die reziproke Kelvintemperatur. Die durchgezogene Kurve stellt die Temperaturabhängigkeit der Wasseraktivität einer reinen $MgCl_2$-Hexahydratschmelze dar, die eingetragenen Punkte die Meßergebnisse bei Zusätzen von KCl. Trotz einer Erhöhung der Gesamtsalzkonzentration bleibt die Wasseraktivität konstant.

Erfolgt eine Verringerung des $H_2O/MgCl_2$-Verhältnisses auf Werte <6, so hat die Zugabe von KCl eine Erhöhung der Wasseraktivität im Vergleich zur reinen $MgCl_2$-Hydratschmelze zur Folge. In Abbildung 17 ist dieser Sachverhalt für ein molares $H_2O/MgCl_2$-Verhältnis von 4,6 dargestellt.

Die Ursache für diesen Effekt ist wiederum im Einsetzen der direkten Ion-Ion-Wechselwirkung – hier speziell der Mg^{2+}–Cl^--Wechselwirkung – zu suchen. Durch die Erhöhung der Chloridionenkonzentration bei KCl-Zugabe kommt es bei molaren

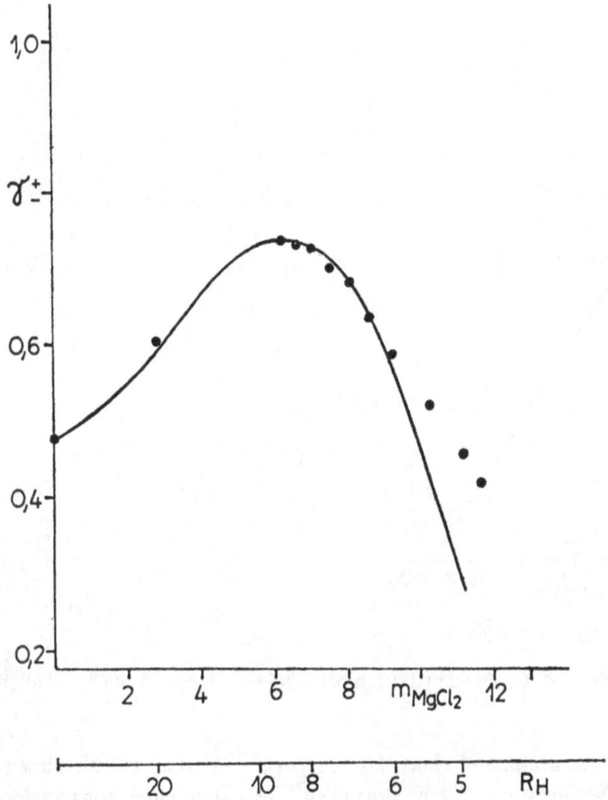

Abb. 15 Aktivitätskoeffizienten $\gamma_{\pm}$ von KCl bei Sättigung im System KCl – $MgCl_2$ – H_2O bei 170°C
● eigene experimentelle Werte
– Pitzer-Gleichung

$H_2O/MgCl_2$-Verhältnissen ≤ 6 zu einer Konkurrenz der Cl^--Ionen mit den Wassermolekülen um Koordinationsstellen am Mg^{2+}-Kation und dadurch zu einer Abschwächung der Ion-Wasser-Wechselwirkung, was sich dementsprechend in einer Erhöhung der Wasseraktivität äußert.

Das Einsetzen der direkten Ion-Ion-Wechselwirkung zeigt sich in Analogie zu den Dampfdruckmessungen im System $KCl-MgCl_2-H_2O$ auch im Verlauf der 170°C-KCl-Isotherme des Phasendiagramms dieses Systems.

In Abbildung 18 ist diese Isotherme in einer von der üblichen Darstellungsweise abweichenden Form aufgetragen. Dargestellt ist das molare $KCl/MgCl_2$-Verhältnis in Abhängigkeit des molaren $H_2O/MgCl_2$-Verhältnisses bei KCl-Sättigung, also eine Kurve konstanter KCl-Aktivität.

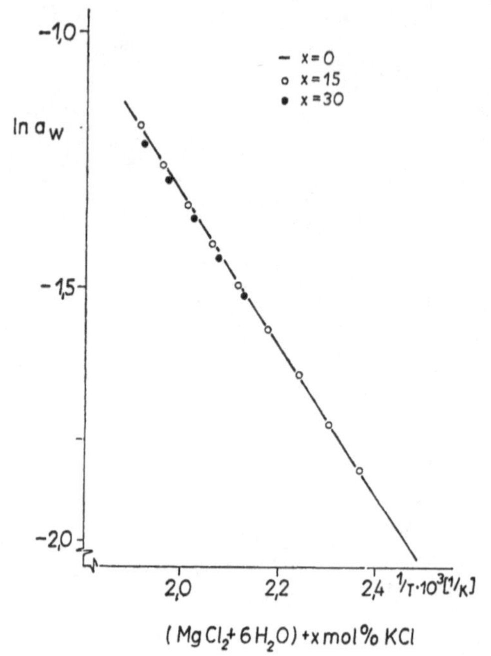

Abb. 16 Wasseraktivität einer $MgCl_2$-Hexahydratschmelze bei verschiedenen KCl-Gehalten

Von der verdünnten Seite kommend sinkt das KCl/$MgCl_2$-Verhältnis mit abnehmendem Wassergehalt. Dies entspricht dem „normalen" Verhalten einer konzentrierten wäßrigen ternären Elektrolytlösung. Damit die KCl-Aktivität konstant bleiben kann, muß bei Erhöhung der $MgCl_2$-Konzentration durch die stärkere Hydratation der Mg^{2+}-Kationen eine Abnahme der KCl-Konzentration, also auch des KCl/$MgCl_2$-Verhältnisses erfolgen.

Bei einem Wert von etwa 6 mol H_2O pro mol $MgCl_2$ ist ein deutliches Minimum des molaren KCl/$MgCl_2$-Verhältnisses zu erkennen, d.h. für niedrigere Wassergehalte steigt das molare Salz-Verhältnis wieder an. Daraus resultiert ein für „wäßrige Elektrolytlösungen" ungewöhnliches Verhalten:

Ein Zusatz von Wasser zu einer an KCl gesättigten $MgCl_2$-„Lösung" bei molaren $H_2O/MgCl_2$-Verhältnissen <6 führt zur Übersättigung an KCl, d.h., ein leichtlösliches Salz wie KCl muß bei Wasserzusatz ausfallen.

Dieser Umstand ist mit herkömmlichen Interpretationen für den Auflösevorgang eines Salzes durch Hydratation der Ionen nicht mehr erklärbar und verdeutlicht das Einsetzen der direkten Wechselwirkung der Salzkomponenten bei molaren Wasser/$MgCl_2$-Verhältnissen ≤ 6.

Anhand der bisher diskutierten Ergebnisse wird deutlich, daß das System $MgCl_2-H_2O$ eine nahezu ideale Hydratschmelze entsprechend der eingangs formulierten

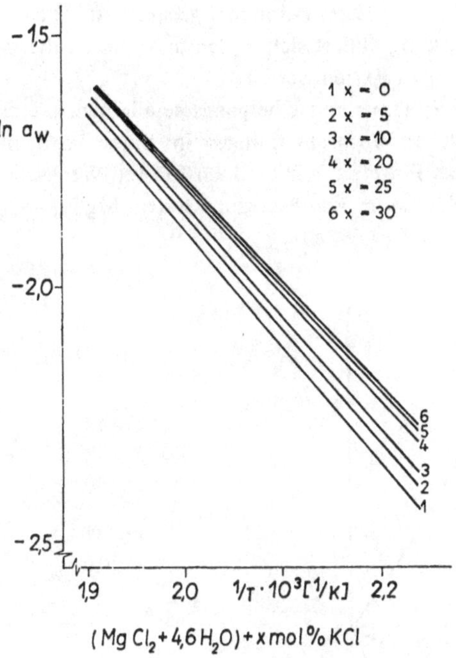

Abb. 17 Temperaturabhängigkeit der Wasseraktivität von $MgCl_2 + 4{,}6\ H_2O$ bei verschiedenen KCl-Gehalten

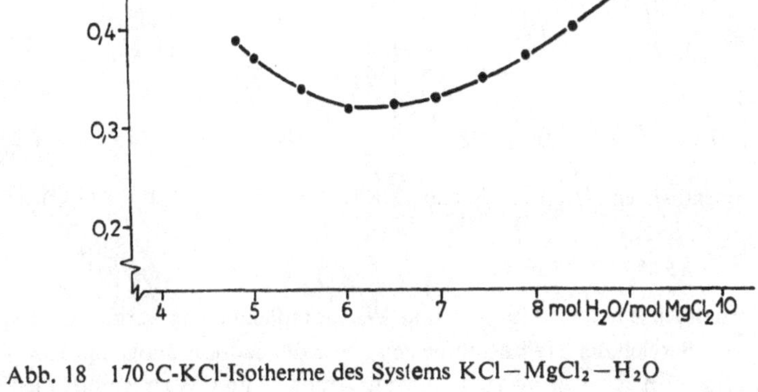

Abb. 18 170°C-KCl-Isotherme des Systems $KCl-MgCl_2-H_2O$

Definition darstellt und dadurch als Modellsystem besonders geeignet ist. Das Einsetzen der direkten Ion-Ion-Wechselwirkung äußert sich in den diskutierten thermodynamischen Eigenschaften in ausgeprägten Extremwerten.

Etwas andere Verhältnisse liegen bei Systemen mit Übergangsmetallionen, wie z.B. Zn^{2+}, durch die Anwesenheit spezifischer Wechselwirkungen im Sinne kovalenter Bindungen vor, die vor allem durch das Einsetzen der direkten Ion-Ion-Wechselwirkung bei bedeutend höheren Wassergehalten im Vergleich zum System $MgCl_2-H_2O$ geprägt sind.

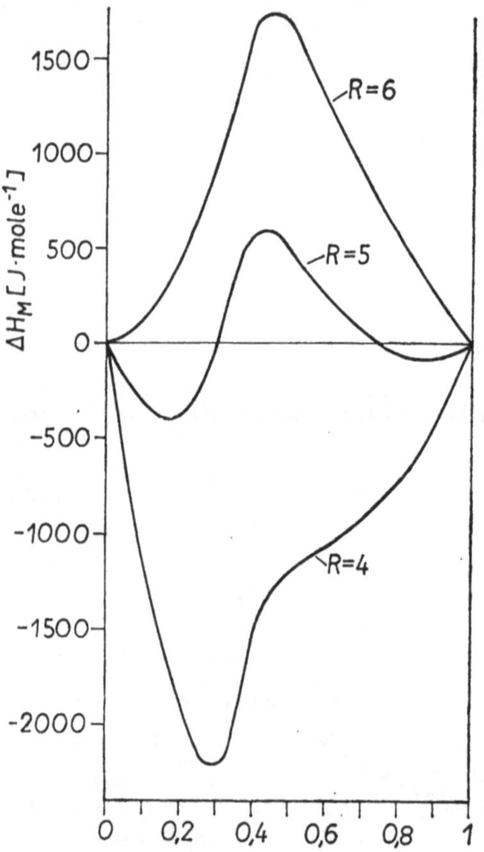

Abb. 19 Mischungsenthalpien ΔH_M im System ($ZnCl_2 + RH_2O$) – ($LiCl + RH_2O$) bei 25°C

Durch das Vorhandensein von Anionen und Wassermolekülen in vergleichbaren Konzentrationen im Bereich der Hydratschmelzen sollte die dadurch mögliche Koordinationskonkurrenz, d.h. eine Umverteilung von Anionen und Wassermolekülen, beim Mischen von Salz-Hydratschmelzen sich direkt in damit verbundenen Mischungsenthalpien widerspiegeln, da das Ausmaß dieser Koordinationskonkurrenz für die einzelnen Kationen bei gegebenem Anion jeweils unterschiedlich sein wird.

In Abbildung 19 sind die Mischungsenthalpien in Abhängigkeit der Zusammensetzung der pseudobinären Systeme ($ZnCl_2$ + R H_2O) – (LiCl + R H_2O) aufgezeigt [54, 55]. Im Gegensatz zum endothermen Verhalten bei R = 6 ist der Mischungsprozeß bei R = 4 exotherm. Für R = 5 ist das Vorzeichen von ΔH_M abhängig von der Zusammensetzung. Während die Lage des endothermen Maximums bei $x_{ZnCl_2} \sim 0{,}5$, welches sich auch in der Schulter der Kurve bei R = 4 widerspiegelt, vom Wassergehalt unabhängig ist, verschiebt sich die Position des exothermen Maximums mit Zunahme des Wassergehaltes zur LiCl-reichen Seite des Systems. Der endotherme Effekt ist auf die Bildung von tetraedrisch koordiniertem Zink aus Hexaquozinkionen zurückzuführen, der bei R < 6 durch die exotherme Hydratation der Li-Ionen bis zur maximalen Koordinationszahl von 6 überlagert wird.

Die beiden sich überlagernden Reaktionen sind:

$$Zn(H_2O)_6^{2+} + 2Cl^- \rightarrow ZnCl_2(H_2O)_2 + 4H_2O; \Delta H > 0$$

$$Li(H_2O)_{6-n}^+ + n\,H_2O \rightarrow Li(H_2O)_6^+ \qquad \Delta H < 0$$

Die Bestimmung von Fest-Flüssig-Phasengleichgewichten in Salz-Wasser-Systemen im Konzentrationsbereich der Hydratschmelzen besitzt neben dem bisher diskutierten mehr theoretischen Aspekt zur Ermittlung von Salzaktivitätskoeffizienten erhebliche praktische Bedeutung, ein Beispiel sei angeführt, ein zweites wird anschließend behandelt.

Das System $KCl - MgCl_2 - H_2O$ ist besonders für die Gewinnung und Verarbeitung von Kalisalzen von Interesse. Im Gleichgewichtsdiagramm dieses Systems existiert das Kristallisationsfeld des Carnallits $KCl \cdot MgCl_2 \cdot 6H_2O$. Die klassischen Verfahren zur Zerlegung dieses Doppelsalzes mit Wasser bei Temperaturen bis maximal 100 °C wird wegen der unumgänglich größeren Zahl von Eindampfstufen energetisch stark belastet. Außerdem vergrößert sich gegenüber einer Gewinnung von KCl aus sylvinitischen Rohsalzen die Lösungsmittelmenge erheblich.

Unter bestimmten Randbedingungen sind thermische Verfahren einer Carnallitverarbeitung zu diskutieren, jedoch besteht gerade über die Ausdehnung des Kristallisationsfeldes des Carnallits oberhalb 120 °C Unklarheit. Allgemein akzeptiert wurden bisher die Angaben von D'Ans und Sypiena [56], wonach sich das Kristallisationsgebiet des Carnallits innerhalb der schraffierten Fläche befindet (Abb. 20). Unsere Messungen entlang der 160 °C-Isotherme zeigen eindeutig, daß sich das Carnallitfeld bis zu wesentlich höheren $MgCl_2$-Konzentrationen erstrecken muß, denn auch auf diesem Abschnitt konnte eindeutig Carnallit als stabiler Bodenkörper identifiziert werden. Desgleich verläuft die 170 °C-KCl-Isotherme, nicht wie von D'Ans angegeben, weiter bis zu $MgCl_2$-Gehalten von über 250 mol/1000 mol H_2O, sondern ergibt den eingezeichneten Verlauf und endet an einem Punkt, an dem ein neuer $MgCl_2$-haltiger Bodenkörper auftritt, den wir noch nicht eindeutig identifizieren konnten.

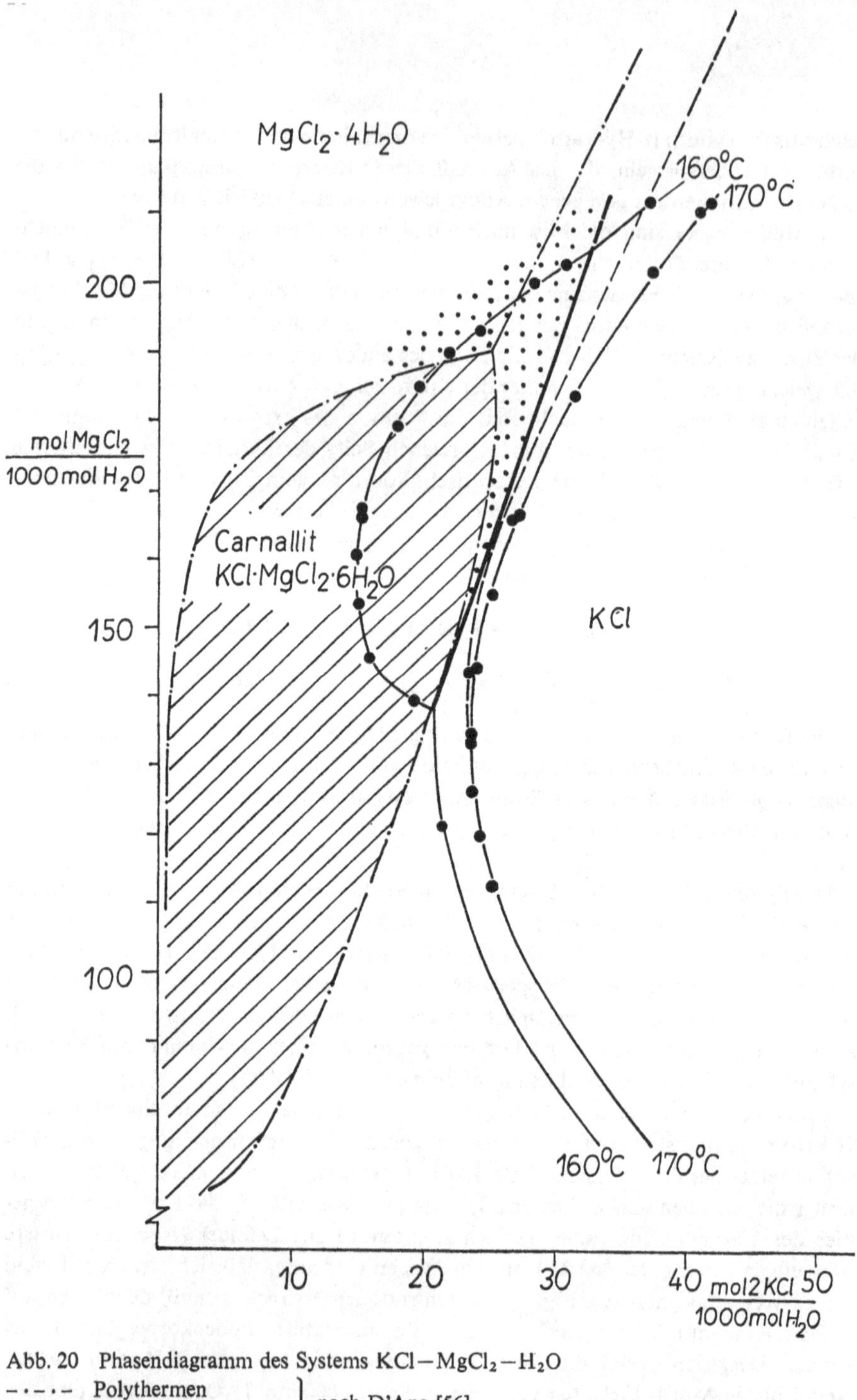

Abb. 20 Phasendiagramm des Systems $KCl-MgCl_2-H_2O$

-·-·- Polythermen } nach D'Ans [56]
----- 170°C-KCl-Isotherme } nach D'Ans [56]
● Eigene Werte

Literatur

[1] Frank, H. S., W.-Y. Wen: Disc. Faraday Soc. **24** (1957), 133.
[2] Frank, H. S., M. W. Evans: J. Chem. Phys. **13** (1945), 507.
[3] Samoilov, O. Y.: Disc. Faraday Soc. **24** (1957), 141.
[4] Hunt, J. P., H. L. Friedman: Prog. Inorg. Chem. **30** (1983), 359.
[5] Hewish, N. A., G. W. Neilson, J. E. Enderby: Nature **297** (1982b), 138.
[6] Geiger, A.: Ber. Bunsenges. Phys. Chem. **85** (1981), 52.
[7] Szász, G. I., K. Heinzinger: Ber. Bunsenges. Phys. Chem. **85** (1981), 1056.
[8] Szász, G. I., K. Heinzinger, W. O. Riede: Z. Naturforsch. **36 A** (1981), 1067.
[9] Radnai, T., G. Palinkás, G. I. Szász, K. Heinzinger: Z. Naturforsch. **36 A** (1981), 1076.
[10] Szász, G. I., K. Heinzinger: Earth and Planetary Sci. Lett. **64** (1983), 163.
[11] Szász, G. I., K. Heinzinger: J. Chem. Phys. **79** (1983), 3467.
[12] Bopp, P., W. Dietz, K. Heinzinger: Z. Naturforsch. **34 A** (1979), 1424.
[13] Szász, G. I., K. Heinzinger: Z. Naturforsch. **34 A** (1979), 840.
[14] Dietz, W., W. O. Riede, K. Heinzinger: Z. Naturforsch. **37 A** (1982), 1038.
[15] Edwards, F. G., J. E. Enderby, D. I. Page: J. Phys. C **8** (1975), 3483.
[16] Enderby, J. E., S. Biggin: "Structural Investigations of Molten Salts by Diffraction Methods", in "Adv. in Molten Salt Chem.", Vol. 5, Editor: G. Mamantov, Elsevier Amsterdam, Oxford, New York, Tokyo, 1983.
[17] Dixon, M., M. J. L. Sangster: J. Phys. C **10** (1977), 3015.
[18] Huggins, M. L., J. E. Mayer: J. Chem. Phys. **1** (1933), 643.
[19] Pitzer, K. S.: J. Phys. Chem. **77** (1973), 268.
[20] Temkin, M.: Acta Physicochim. USSR **20** (1945), 411.
[21] Blander, M.: in "Molten Salt Chemistry", Editor: M. Blander, Interscience, 1964.
[22] Braunstein, J.: J. Phys. Chem. **71** (1967), 3402.
[23] Sacchetto, G. A., Z. Kodejš: J. C. S., Faraday Trans. 1 **78** (1982), 3519.
[24] Stokes, R. H., R. A. Robinson: J. Amer. Chem. Soc. **70** (1948), 1870.
[25] Scatchard, G.: Chem. Rev. **19** (1936), 309.
[26] Gurney, R. W.: "Ionic Processes in Solution", Dover Publications Reprint, N.Y., 1960.
[27] Ramanathan, P. S., C. V. Krishnan, H. L. Friedman: J. Solution Chem. **1** (1972), 237.
[28] Lietzke, M. H., R. W. Stoughton: J. Inorg. Nucl. Chem. **37** (1975), 2503.
[29] Pitzer, K. S.: J. Amer. Chem. Soc. **102** (1980), 2902.
[30] Braunstein, J.: in "Ionic Interactions", Editor: S. Petrucci, Vol. 1, Academic Press, N.Y., 1971.
[31] Braunstein, J.: Inorg. Chim. Acta Rev. **2** (1968), 19.
[32] Chin, D.: "Hydrate melts as molten salt analogs. Spectra and Conductance in $Mg(H_2O)_6Cl_2 + ZnCl_2$", Diss., Purdue Univ., 1971.
[33] Balasubrahmanyam, K., G. J. Janz: J. Solution Chem. **1** (1972), 445.
[34] Hester, R. E., R. A. Plane: J. Chem. Phys. **40** (1964), 411.
[35] Sze, Y.-K., D. E. Irish: J. Solution Chem. **7** (1978), 395.
[36] Emons, H.-H., P. Hauptmann, D. Pohl: Z. phys. Chem., Leipzig **260** (1979), 281.
[37] Valyashko, V. M., A. A. Ivanov: Zh. Neorg. Khim. **24** (1979), 2752.
[38] Braunstein, H., J. Braunstein: J. Chem. Thermodyn. **3** (1971), 419.
[39] Skokanek, M., I. Slama: Coll. Czech. Chem. Commun. **46** (1981), 2301.
[40] Islam, I., M. Ahmad: Indian J. Chem. **20 A** (1981), 9, 12, 833, 1082.
[41] Easteal, A. J.: Aust. J. Chem. **34** (1981), 1853.

[42] Jain, S. K., R. Tamamushi: Can. J. Chem. **58** (1980), 1697.
[43] Abraham, M.-Ch., M. Abraham, A. Combey, J. Sangster: J. Chem. Eng. Data **28** (1983), 259.
[44] Sacchetto, G. A., G. G. Bombi, C. Macca: J. Chem. Thermodyn. **13** (1981), 31.
[45] Gaur, H. S., R. C. Sharma, V. B. Agraval: Elektrokhimiya **19** (1983), 74.
[46] Kodejš, Z., G. A. Sacchetto: J.C.S., Faraday Trans. 1, **78** (1982), 3529.
[47] Emons, H.-H., W. Voigt: „Zur Chemie geschmolzener Salze", Sitzungsber. AdW DDR **15 N** (1981).
[48] Emons, H.-H., W. Voigt, F.-W. Wollny: Proc. Electrochem. Soc. (1984), 84-2 (Molten Salts), 377.
[49] Dähne, C., R. Huschenbett: Freiberger Forschungshefte, Reihe A, **A 384** (1966), 31.
[50] Urusova, M. A., V. M. Valyashko: Zh. Neorg. Khim. **28** (1983), 1845.
[51] Valyashko, V. M., M. Urusova, W. Voigt, H.-H. Emons: Zh. Neorg. Khim. (im Druck).
[52] Emons, H.-H., W. Voigt, F.-W. Wollny: J. Electroanal. Chem. **180** (1984), 57.
[53] Mayrath, J. E., R. H. Wood: J. Chem. Eng. Data **28** (1983), 56.
[54] Emons, H.-H., W. Voigt, G. Wolf: J. Solution Chem. **12** (1983), 855.
[55] Emons, H.-H., W. Voigt, G. Wolf, D. Grütte: J. Solution Chem. (im Druck).
[56] D'Ans, J., G. Sypiena: Kali, verwandte Salze u. Erdöl (1942) 6, 89.
[57] Emons, H.-H., W. Voigt, F.-W. Wollny: Z. phys. Chem., Leipzig **267** (1986)1, 1.
[58] Voigt, W., Th. Fanghänel, H.-H. Emons: Z. phys. Chem., Leipzig **266** (1985)3, 522.

Rüdiger Naumann / Hans-Heinz Emons

Salzhydrate als Latentwärmespeichermaterialien

1. Latentwärmespeicherung als Methode zur rationellen Energieverwertung

Nach Schätzungen der 10. Weltenergiekonferenz beträgt der Primärenergiebedarf der Welt im Jahre 2000 etwa 165 TkWh. Dieser hohe Energieverbrauch entspricht einer Verdoppelung gegenüber dem Stand von 1980 [1]. Bedingt durch die Rohstoffsituation und Preisentwicklung wird gegenwärtig unter Beachtung der ökonomischen Gegebenheiten der Länder eine Entlastung der klassischen Energieträger Öl, Kohle, Erdgas und Holz zugunsten der Nutzung von Kernenergie, Gezeitenenergie, Erdwärme, Sonnenenergie und Wasserkraft angestrebt. Der für diese Umstellung erforderliche Investitionsaufwand ist allerdings in den meisten Fällen erheblich. Es ist deshalb naheliegend, zur Deckung des steigenden Energiebedarfs die vorhandene Energie rationeller zu nutzen.

Ein bedeutender Anteil des Gesamtenergiebedarfs wird für die Wärmeversorgung der Haushalte und für industrielle Prozesse benötigt. Zum Beispiel werden gegenwärtig in Schweden 40% der Energie für den Bereich von Heizung und Warmwasserbereitung in Wohnungen bereitgestellt [2].

Vielfach ließe sich Wärmeenergie einsparen oder einer Nutzung zugänglich machen, wenn geeignete Wärmespeichermethoden verfügbar wären, die den Zeitunterschied von Wärmeanfall und -bedarf überbrücken. Die derzeit verwendeten Wärmespeicher auf der Basis „Fühlbarer Wärme“ von Gestein, Öl, Wasser genügen dieser Forderung auf Grund der geringen erzielbaren Energiedichte nicht. Deshalb setzte mit Beginn der sogenannten Ölkrise und der damit verbundenen Energieverteuerung international eine verstärkte Suche nach effektiveren Wärmespeichermethoden ein [3].

Eine Übersicht der gegenwärtig in der Literatur diesbezüglich diskutierten Entwicklungen ist in Abbildung 1 zusammengestellt. Nach der Speicherzeit unterscheidet man zwischen Kurzzeit- und Langzeitspeicherung. Die Langzeitspeicherung mit Speicherzeiten von mehreren Tagen bis Monaten wäre bei hohen Energiedichten der Speicher die ideale Wärmespeichermethode. Insbesondere werden hierfür reversibel ablaufende homogene oder heterogene Reaktionen in Betracht gezogen, wobei Speicherkapazitäten bis zu 9 MJ/kg Speichermaterial theoretisch erreichbar sind [2]. Auf Grund des notwendigen apparativen Aufwandes und auftretender kinetischer Hemmungen beim Ablauf von heterogenen Reaktionen ist eine breite technische Realisierung dieser Methode zur Zeit noch nicht abzusehen.

Als weitere Methode der Langzeitspeicherung wird die Deponie von Wärme in

Gesteinsschichten im Untergrund aufgeführt [4]. Diese sogenannten „Saisonspeicher" nutzen die „Fühlbare Wärme" der Gesteinsschichten und des Wassers als Wärmetransportflüssigkeit. Die ökonomische Verwendbarkeit dieser Methode ist in starkem Maße von den spezifischen Gegebenheiten wie Energieanfall, Energienutzung und Untergrundstruktur des Gesteins abhängig.

Im Vergleich zur Langzeitspeicherung lassen sich gegenwärtig für neue Methoden der Kurzzeitspeicherung mit Speicherzeit von einigen Stunden bis zu Tagen gute Realisierungschancen einräumen.

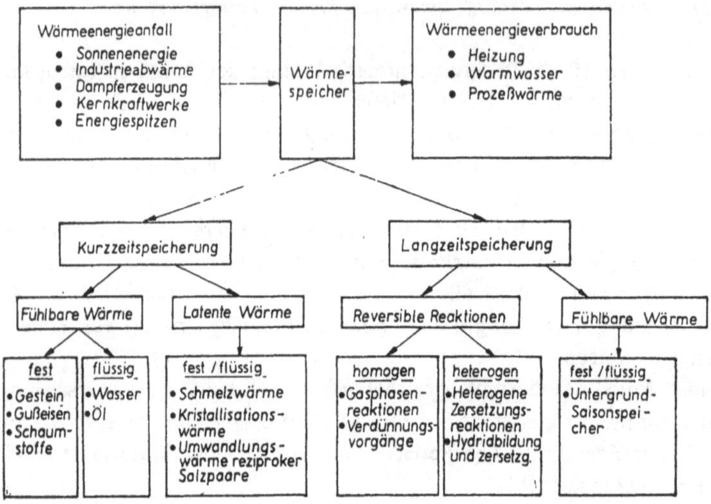

Abb. 1 Methoden der Wärmespeicherung

Einen Schwerpunkt der Untersuchungen bilden in diesem Zusammenhang die Nutzung latenter Wärmeübergänge. Von den verschiedenen Phasenumwandlungsvorgängen ist der Übergang fest–flüssig, das heißt, das reversible Schmelzen und Erstarren von Stoffen, aussichtsreich. Diese Methode wird im allgemeinen als Latentwärmespeicherung bezeichnet. Zusätzlich werden Kristallisationsvorgänge aus gesättigten Lösungen [5–8] sowie die Umwandlung reziproker Salzpaare [9] häufig in diese Bezeichnung mit einbezogen.

Der wesentliche Vorteil der Latentwärmespeicherung gegenüber der Wärmespeicherung auf der Basis „Fühlbarer Wärme" ist darin zu sehen, daß große Energiedichten in schmalen Temperaturbereichen erzielt werden. Die Speicherfähigkeit der Latentwärmespeicher entspricht bei einer Temperaturspeicherung von 10 K dem 5- bis 10-fachen Betrag eines Wasserspeichers. Der Wärmeenergieanfall einer bestimmten Temperaturlage kann somit bei einem entsprechend angepaßten Latentwärmespeicher optimal genutzt und damit die Exergieverluste minimiert werden.

2. *Stoffauswahl und Speicherdichte*

Im Zusammenhang mit der Suche nach geeigneten Latentwärmespeichermaterialien werden in der Literatur eine Reihe von thermodynamischen, kinetischen, chemischen und ökonomischen Kriterien genannt [10]. Für die Stoffauswahl interessiert zunächst die spezifische Schmelzenthalpie bezogen auf die Volumeneinheit des Materials, im allgemeinen als Speicherdichte bezeichnet.

Nach Kesselring [11] ist die Speicherdichte einer Substanz proportional dem Faktor $n\varrho/M$, wobei n die Anzahl der pro Molekül am Speichervorgang beteiligten Bindungen, ϱ die Dichte und M die molare Masse ist. Richtwerte der Speicherdichte $\Delta_F H_{sp,v}$ lassen sich aus folgenden Beziehungen abschätzen:

$$\Delta_F H_{sp,v} \leq 0{,}7\, \varrho\, T \text{ (organische Substanzen)} \qquad (1)$$

$$\Delta_F H_{sp,v} \simeq 24 \frac{\varrho}{M} T \text{ (anorganische Substanzen)} \qquad (2)$$

Für den Temperaturbereich der Niedertemperaturwärmespeicher von $T \leq 400$ K ergeben sich mit diesen Beziehungen für beide Substanzklassen maximale Speicherdichten von 400 MJ/m^3 [11].

Eine Zusammenstellung der Speicherdichten ausgewählter Latentwärmespeichermaterialien, bezogen auf die Dichte der Schmelze, zeigt Abbildung 2. In dem betrachteten Temperaturbereich betragen die maximalen Speicherdichten organischer Verbindungen etwa 300 MJ/m^3. Im Vergleich hierzu besitzen zahlreiche Salzhydrate höhere Werte. Der von Kesselring mittels Gl. 2 abgeschätzte Wert von 400 MJ/m^3 stellt eine gute Näherung dar und wird nur von einigen Verbindungen überschritten ($CH_3COONa \cdot 3\,H_2O$, $Ba(OH)_2 \cdot 8\,H_2O$). In Übereinstimmung mit diesen Ergebnissen fand Marcus [12] für Salzhydrate eine mittlere Speicherdichte von (360 $\pm$ 80) MJ/m^3. Im Vergleich hierzu beträgt die Schmelzwärme von Eis 333,5 MJ/m^3 [12]. Aus der Übereinstimmung ergibt sich, daß Salzhydrate auf Grund ihrer Struktur praktisch die große Schmelzenthalpie des Eises in höhere Temperaturbereiche überführen. Diese Aussage läßt sich durch folgende Entropiebetrachtung weiter quantifizieren.

Nach neueren Theorien des Schmelzens ist das entscheidende Ereignis beim Übergang vom festen in den flüssigen Zustand das Verschwinden des Schubmoduls, das heißt, das Material setzt Scherkräften keinen Widerstand mehr entgegen [13]. Das Scherverhalten wird wesentlich von den Dislokationen im Kristall bestimmt. Am Schmelzpunkt vermehren sich die Dislokationen exponentiell. Die infolge der Dislokationsbildung bedingte Volumenausdehnung und die Änderung der geometrischen Konfiguration der Ionen führen zur Entropievergrößerung $\Delta_F S$. Die gemäß

$$\Delta_F H = T_F \cdot \Delta_F S \qquad (3)$$

am Phasenübergang bei der Temperatur T_F resultierende Schmelzenthalpie $\Delta_F H$ ist proportional der Zahl der Ionen im Kristall. Für die Salzhydrate wird dies besonders in der Erhöhung der Schmelzenthalpie und Schmelzentropie mit der Anzahl der Wassermoleküle im Salz deutlich.

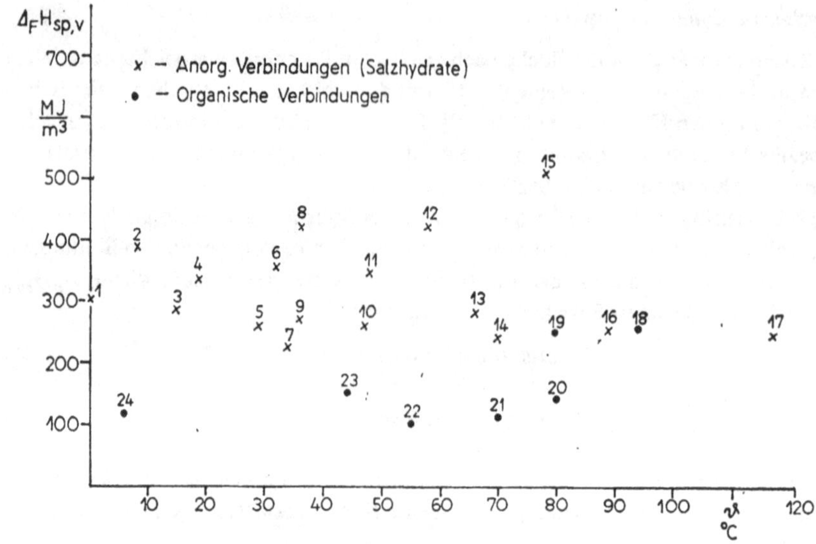

Abb. 2 Speicherdichten verschiedener Latentwärmespeichermaterialien
1 — Eis, 2 — $LiClO_3 \cdot 3\,H_2O$, 3 — $NaOH \cdot 3{,}5\,H_2O$,
4 — $KF \cdot 4\,H_2O$, 5 — $CaCl_2 \cdot 6\,H_2O$, 6 — $Na_2SO_4 \cdot 10\,H_2O$,
7 — $CaBr_2 \cdot 6\,H_2O$, 8 — $Na_2HPO_4 \cdot 12\,H_2O$,
9 — $Zn(NO_3)_2 \cdot 6\,H_2O$, 10 — $Ca(NO_3)_2 \cdot 4\,H_2O$,
11 — $Na_2S_2O_3 \cdot 5\,H_2O$, 12 — $NaCH_3COO \cdot 3\,H_2O$,
13 — $Na_3PO_4 \cdot 12\,H_2O$, 14 — $Al(NO_3)_3 \cdot 9\,H_2O$,
15 — $Ba(OH)_2 \cdot 8\,H_2O$, 16 — $Mg(NO_3)_2 \cdot 6\,H_2O$,
17 — $MgCl_2 \cdot 6\,H_2O$, 18 — Xylit, 19 — Acetamid,
20 — Naphthalin, 21 — Biphenyl, 22 — Paraffin ($C_{22}-C_{32}$),
23 — Laurinsäure, 24 — Paraffin ($C_{14}-C_{16}$)

In Abbildung 3 ist die Abhängigkeit der molaren Schmelzentropie von der Zahl der Wassermoleküle n_{H_2O} verschiedener Salzhydrate aufgetragen. Näherungsweise ergibt sich ein linearer Zusammenhang zwischen den aufgetragenen Größen. Der ermittelte Anstieg der Geraden von 24,0 J/mol K deutet den Beitrag der Schmelzentropie pro Mol Hydratwasser an. Von Guion [14] wurden vergleichsweise 23,1 J/mol K gefunden. Der erhaltene Wert der Schmelzentropie der Salzhydrate pro Mol Hydratwasser stimmt befriedigend mit der Schmelzentropie von Eis zu 22,0 J/mol K [14] überein.

Aus der Entropiebetrachtung folgt, daß Verbindungen mit großen Hydratwassergehalten und niedrigen Schmelztemperaturen hohe Schmelzenthalpien und bei hohen Dichten der gebildeten Schmelzen große Speicherdichten ergeben. Es ist deshalb verständlich, wenn Salzhydrate wie $Na_2SO_4 \cdot 10H_2O$ (Fp. 32,4 °C), $Na_2HPO_4 \cdot 12H_2O$ (Fp. 36 °C) und $Ba(OH)_2 \cdot 8H_2O$ (Fp. 78 °C) häufig als Latentwärmespeichermaterialien diskutiert werden [3, 15].

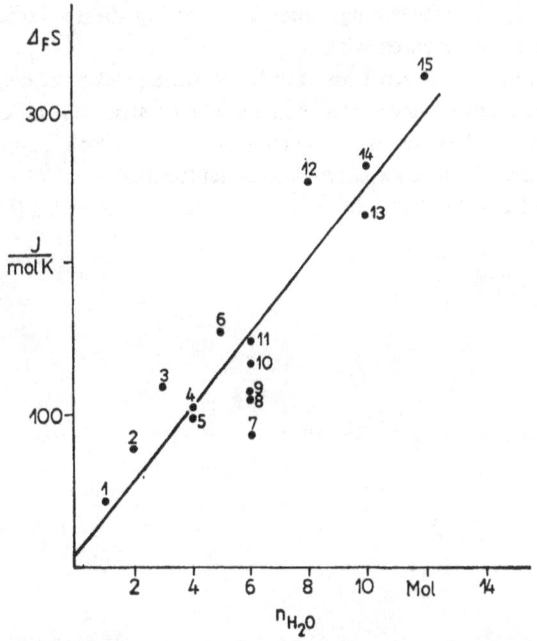

Abb. 3 Abhängigkeit der Schmelzentropie $\Delta_F S$ ausgewählter Salzhydrate von der Zahl der Wassermoleküle n_{H_2O} im Salz
1 – $NaOH \cdot H_2O$, 2 – $KF \cdot 2\,H_2O$, 3 – $NaAc \cdot 3\,H_2O$, 4 – $Ca(NO_3)_2 \cdot 4\,H_2O$, 5 – $Cd(NO_3)_2 \cdot 4\,H_2O$, 6 – $Na_2S_2O_3 \cdot 5\,H_2O$, 7 – $MgCl_2 \cdot 6\,H_2O$, 8 – $Mg(NO_3)_2 \cdot 6\,H_2O$, 9 – $CaBr_2 \cdot 6\,H_2O$, 10 – $Zn(NO_3)_2 \cdot 6\,H_2O$, 11 – $Ni(NO_3)_2 \cdot 6\,H_2O$, 12 – $Ba(OH)_2 \cdot 8\,H_2O$, 13 – $Na_2CO_3 \cdot 10\,H_2O$, 14 – $Na_2SO_4 \cdot 10\,H_2O$, 15 – $Na_2HPO_4 \cdot 12\,H_2O$ ($\Delta_F S = 8{,}76 + 24{,}0\,n$)

3. *Internationale Entwicklungen zum Einsatz von Salzhydraten in Latentwärmespeichern*

Die Nutzung der Schmelzwärme von ausgewählten Salzhydraten zur Wärme- und Kältespeicherung ist schon sehr lange bekannt. In zahlreichen Patenten wurden besonders in den USA Kälte- und Wärmeakkumulatoren geschützt, wobei eine breite Palette der Anwendung, zum Beispiel von der Kühlung von Nahrungsgütern bis zu Haushaltartikeln, wie Wärmflaschen u.ä., erfaßt wurde [3].

Unter dem Gesichtspunkt der Sonnenenergienutzung zur Gebäudebeheizung führte insbesondere Telkes [16] seit etwa 1950 umfangreiche Untersuchungen zur Verwendung von Glaubersalz durch. Die Anzahl der in die Betrachtungen einbezogenen Substanzen wurde in den letzten 15 Jahren wesentlich erweitert [15]. Die wichtigsten im Ergebnis dieser Forschungen zur Latentwärmespeicherung ausgewählten Salzhydrate sind in Abb. 2 aufgeführt. Die zur Latentwärmespeicherung im Temperaturbereich von 0–120°C interessanten Verbindungen sind im wesentlichen bekannt.

Deshalb besteht derzeit weltweit die Zielstellung, unter Verwendung dieser Verbindungen funktionsfähige Wärmespeicher zu entwickeln.

Die Anzahl der publizierten, konstruktiven Lösungen für Wärmespeicher ist heute kaum noch überschaubar. Prinzipiell unterscheidet man zwischen statischen und dynamischen Wärmespeichern. Den Aufbau eines statischen Speichers zeigt Abbildung 4. Er besteht aus einer Vielzahl von mit Speichermaterial gefüllten Rohren. Der Wärmeein- und -austrag erfolgt durch Luft, die durch den Speichermodul geblasen wird [15].

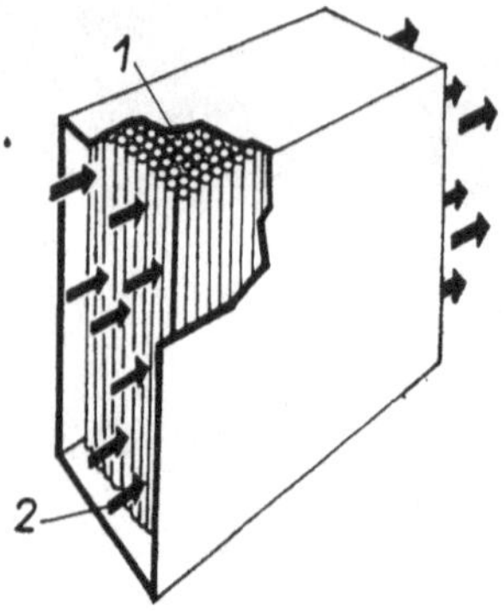

Abb. 4 Statischer Latentwärmespeicher [15]
1 – Röhren mit Speichermaterial
2 – Luftstrom zum Be- oder Entladen des Speichers

In dynamischen Speichern erfolgt die Bewegung des Speichermaterials u.a. durch Rühren, Drehen des Speicherbehälters oder Durchleiten von im Zwangsumlauf befindlichen nichtmischbaren Wärmetransportflüssigkeiten. Ein Beispiel dieser Entwicklung zeigt Abbildung 5. Als Speichermaterial dient Glaubersalz, das sich in einem zylindrischen Behälter befindet. Wärmeübertragung und Bewegung des Speicherinhalts erfolgen durch Öl, das mit einer Pumpe am Boden des Behälters eingespeist und am Kopf abgesaugt wird. Die Ankoppelung des Wärmespeichers in Wärmeanlagen, das heißt, die Zu- und Abführung von Wärme erfolgt über den am Kopf des Behälters befindlichen Wärmeübertrager [17].

Die bisher bekannten Versuchsergebnisse waren nur wenig erfolgversprechend, was insbesondere auf folgende negative Eigenschaften der Salzhydrate zurückzuführen ist:

– Beim inkongruenten Schmelzen werden Phasen höherer Dichte gebildet, die sich im Speicherbehälter absetzen. Dieser „Stratifikations-Effekt“ führt zur Verminderung der Speicherkapazität mit der Anzahl der Lade- und Entladezyklen.
– Infolge der schlechten Wärmeleitfähigkeit ($\lambda \sim 0{,}5$ W/m K [15]) treten Temperatur- und Konzentrationsschichtungen im Speicher auf. Auskristallisiertes Salz blockiert den Wärmeübergang an den Wärmeübertragungsflächen.

– Die Neigung zur Unterkühlung führt teilweise zum totalen Funktionsausfall des Speichers.
– Die Volumenänderung beim fest-flüssig-Übergang beträgt bis zu 10% [18] und erschwert die konstruktive Gestaltung der Behälter.

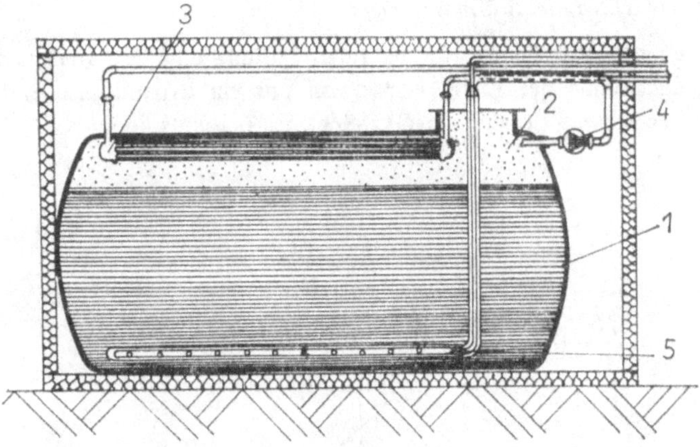

Abb. 5 Dynamischer Latentwärmespeicher [17]
1 – Speichermaterial, 2 – Wärmetransportflüssigkeit (Öl), 3 – Wärmeübertrager zum Laden und Entladen, 4 – Pumpe, 5 – Ölzufuhr zum Speichermaterial

Zur Überwindung dieser Schwierigkeiten wurden bisher folgende Möglichkeiten vorgeschlagen:

– Mechanische Bewegung des Salzhydrates oder des gesamten Wärmespeichers [19] – eine Variante, die technisch sehr aufwendig ist und ständig Hilfsenergie benötigt.
– Einbau der Salzhydrate in anorganische Gerüststrukturen [3, 20], organische Polymere [3], kunststoffbeschichtete Pellets [21, 22] oder dichte Kapseln [23] zur Erzielung geringer Diffusionswege der im Schmelzgleichgewicht befindlichen Phasen. Diese Methoden führen stets zu einem Abfall der Speicherkapazität; bei kugelförmigen Kapseln sinkt die Speicherdichte auf ~60% des reinen Salzhydrates ab [17].
– Verwendung von kongruent oder eutektisch schmelzenden Verbindungen. Hierfür stehen im Temperaturbereich von 0 bis 120°C nur eine geringe Anzahl von Salzhydraten hoher Schmelzenthalpie zur Auswahl, zum Beispiel $Zn(NO_3)_2 \cdot 6H_2O$, $Mg(NO_3)_2 \cdot 6H_2O$, $Mg(NO_3)_2 \cdot 6H_2O$ (58,7%)/$MgCl_2 \cdot 6H_2O$ (41,3%) [15].
– Zusatz von Wasser zu inkongruent schmelzenden Salzhydraten zwecks Einstellung der peritektischen Zusammensetzung im Wärmespeicher [5–8]. Der Schmelzwärmespeicher wird damit in einen Kristallisationswärmespeicher mit vergleichsweise niedrigerer Speicherkapazität umgewandelt.

Zusammenfassend kann eingeschätzt werden, daß trotz umfangreicher Grundlagenuntersuchungen und einer Vielzahl technischer Lösungsvorschläge international bisher noch kein entscheidender Durchbruch zur breiten Anwendung von Salzhydraten in Wärmespeichern gelungen ist.

4. Funktionsprinzip des GLS-Latentwärmespeichers

In Zusammenarbeit mit dem Institut für Heizung, Lüftung und Grundlagen der Bautechnik der Bauakademie der DDR wurde von uns ein dynamischer Hochleistungswärmespeicher entwickelt, der als GLS-Speicher (gaseous-liquid-solid) bezeichnet wird [24–29].

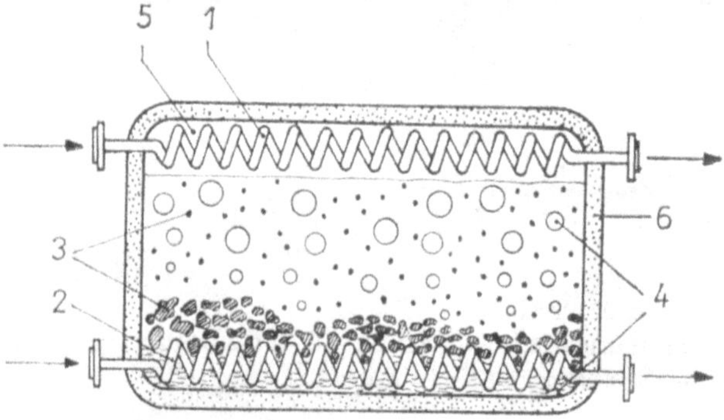

Abb. 6 GLS-Latentwärmespeicher (prinzipieller Aufbau)
1 – Wärmeaustauscher für den Wärmeaustrag
2 – Wärmeaustauscher für den Wärmeeintrag
3 – Wärmespeichermaterial (Schmelze und Kristallisat)
4 – Wärmetransportflüssigkeit und Dampf
5 – Dampfraum
6 – Isolierung

Der prinzipielle Aufbau dieses Speichers ist in Abbildung 6 dargestellt. Er besteht aus einem geschlossenen System mit zwei Wärmeaustauschern für den Wärmeaustrag am Kopf (1) und den Wärmeeintrag am Boden (2) des Behälters. Die Ankopplung in entsprechende Wärmeanlagen erfolgt über die an den Wärmeaustauschern befindlichen Flansche. Der Inhalt des Speichers besteht aus

– dem wärmespeichernden Salzhydrat, dessen Schmelzpunkt im Arbeitsbereich des Speichers liegt;
– einer Wärmetransportflüssigkeit, die mit dem Salzhydrat nicht mischbar ist, deren Siedepunkt in der Nähe des Schmelzpunktes des Salzhydrates liegt und deren Dichte größer als die Dichte des festen Salzhydrates ist;
– geringen Anteilen eines Tensids, das in der Schmelze des Salzhydrates löslich ist
– und – falls erforderlich – keimbildenden Substanzen zur Verminderung der Unterkühlung.

Zur Gewährleistung des Funktionsprinzips wird der Speicherbehälter nur so weit gefüllt, daß sich der Wärmeaustauscher für den Wärmeaustrag (1) im Dampf der Wärmetransportflüssigkeit befindet.

Die Ein- und Ausspeisung von Wärme erfolgt über Siede- und Kondensationsvorgänge der Wärmetransportflüssigkeit. Infolge der beim Wärmeein- und -austrag ent-entstehenden Temperaturdifferenzen zwischen Wärmeaustauscher und Speichermaterial kommt es zur Ausbildung von Druckdifferenzen im Wärmespeicher. Die gebildeten Dampfblasen der Wärmetransportflüssigkeit bewirken eine intensive Durchmischung des Speichermaterials. Spezifisch schwerere Bodenkörper bilden mit dem zugesetzten Tensid Adsorptionskomplexe, die mit den Dampfblasen vom Boden des Speichers durch die Schmelze nach oben transportiert werden.

Durch die Anwesenheit des Tensids in der Schmelze und durch die Hydrodynamik des Systems werden bei der richtigen Auswahl wirksamer, oberflächenaktiver Substanzen im Verlaufe der Erstarrung keine kompakten Kristallverwachsungen der Salzhydrate beobachtet.

Die Vorteile dieses Funktionsprinzips lassen sich wie folgt zusammenfassen:

- Der Transport der im Schmelzgleichgewicht befindlichen Phasen verhindert die Stratifikationserscheinungen inkongruent schmelzender Salzhydrate.
- Der Wärmespeicher arbeitet selbstregulierend. Mit Erhöhung der Wärmeübertragungsleistung vergrößert sich das gebildete Dampfvolumen und damit die transportierte Stoffmenge.
- Bei entsprechender Dimensionierung der Wärmeaustauscher werden beachtliche Wärmeübertragungsleistungen erhalten. Die für Salzhydrate typischen geringen Wärmeleitfähigkeiten stellen für das GLS-Prinzip keinen limitierenden Faktor dar.
- Die Ein- und Ausspeisung von Wärme in den GLS-Speicher kann auch gleichzeitig erfolgen. Somit entfallen periphere Zusatzvorrichtungen.
- Der Betrieb der Speicher erfordert keine Hilfsenergie für Pumpen usw.
- Die Einbindung in wärmetechnische Anlagen ist einfach zu realisieren.

Das Funktionieren des GLS-Speichers erfordert jedoch für die entsprechende Temperaturstufe eine Stoffkombination, die chemisch in sich und gegenüber den in Kontakt befindlichen Konstruktionsmaterialien stabil sein muß.

5. Ergebnisse der Wärmespeicheruntersuchungen im GLS-Speicher

Zur Realisierung von Latentwärmespeichern verschiedener Temperaturstufen führten wir Untersuchungen unter Verwendung der Salzhydrate $Mg(NO_3)_2 \cdot 6H_2O$ (Fp. 89°C), $MgCl_2 \cdot 6H_2O/Mg(NO_3)_2 \cdot 6H_2O$-eutekt. (Fp. 59°C), $CH_3COONa \cdot 3H_2O$ (Fp. 58°C), $Na_2S \cdot 9H_2O$ (Fp. 48°C) und $Na_2SO_4 \cdot 10H_2O$ (Fp. 32,4°C) durch. Im folgenden sollen einige ausgewählte Ergebnisse unter Verwendung der inkongruent schmelzenden Verbindungen Natriumacetat-Trihydrat ($NaAc \cdot 3H_2O$) und Natriumsulfat-Dekahydrat beschrieben werden.

Beide Salzhydrate gehören zu den aussichtsreichen Latentwärmespeichermaterialien, die in der Regel kostengünstig verfügbar sind und die sich auf Grund ihrer Schmelzpunkte (s.o.) zur Solarenergienutzung und Niedertemperaturwärmespeicherung anbieten.

Einem technischen Einsatz des NaAc · $3H_2O$ stand bisher die ausgeprägte Neigung zur Unterkühlung entgegen. Bei $Na_2SO_4 \cdot 10H_2O$ konnte die Stratifikation infolge der Bildung von wasserfreiem Natriumsulfat $\varrho(Na_2SO_4) = 2660$ kg/m³; $\varrho(Na_2SO_4 \cdot 10H_2O) = 1460$ kg/m³ [30] bisher nicht überwunden werden.

In Abbildung 7 sind repräsentative Wärmeein- und Wärmeaustragskurven eines GLS-Speichers unter Verwendung von NaAc · $3H_2O$ dargestellt. Kennzeichnend für das Verhalten dieses Wärmespeichers sind lange nahezu isotherme Schmelz- und Erstarrungsbereiche des Speichermaterials und nur geringe Unterkühlungen von etwa 1–2 K nach dem Austrag der thermischen Energie aus der Schmelze. Die Differenz zwischen der Eingangstemperatur ϑ_E und der Ausgangstemperatur ϑ_A an den Wärmeübertragern (Abb. 6) für den Wärmeeintrag und Wärmeaustrag ist proportional der Leistung. Nicht optimierte Labor-Wärmeübertrager ergaben Spitzenwerte von 0,2 kW/kg und mittlere Leistungen von 0,1 kW/kg.

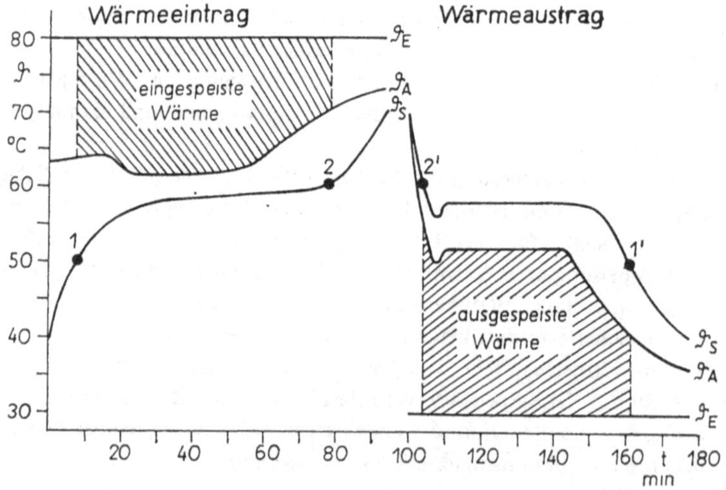

Abb. 7 Wärmeübertragungsverhalten des GLS-Latentwärmespeichers
ϑ_E – Eingangstemperatur, ϑ_A – Ausgangstemperatur, ϑ_S – Temperatur des Speichermaterials
1–2 Auswertebereich der Einspeisung
2'–1' Auswertebereich der Ausspeisung

Vielfach kann unter GLS-Bedingungen auf den Einsatz von Keimbildern verzichtet werden, da die im Speicher auftretende Bewegung der Schmelze zu einer größeren Keimbildungswahrscheinlichkeit führt. Außerdem werden an die Oberfläche der Schmelze transportierte bzw. an den Behälterwänden anhaftende im Schmelzgleichgewicht befindliche Phasen über die Gasphase rehydratisiert. Sie wirken ihrerseits als Keimbildner. Diesen Effekt beobachteten wir beispielsweise am NaAc · $3H_2O$-

Speicher, bei dem wasserfreies Natriumacetat im Schmelzgleichgewicht gebildet wird.

Die entwickelten Latentwärmespeicher zeigen eine konstante speicherbare Energie, die mit den berechneten Werten aus der Schmelzenthalpie des Salzhydrates und den Anteilen der thermischen Energie der Komponenten übereinstimmt. In Abbildung 8 sind die Ergebnisse von 80 Zyklen eines NaAc · $3H_2O$-Speichers dargestellt. Die Speicherkapazität von 290 kJ/kg im Temperaturbereich von 40–60 °C entspricht 99 % des berechneten Wertes unter Zugrundelegung der Schmelzenthalpie von 264 kJ/kg [31].

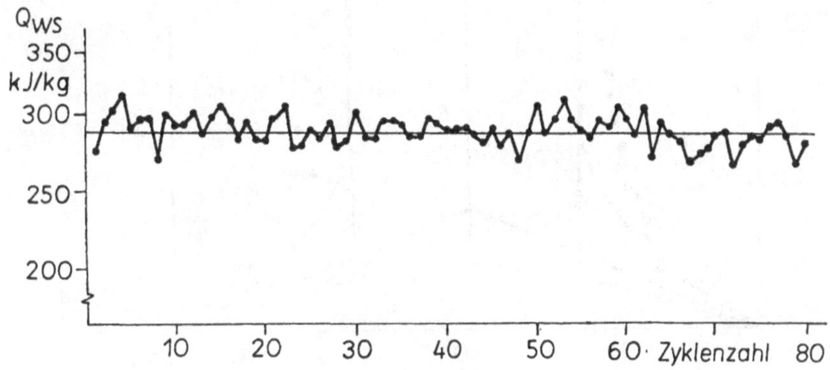

Abb. 8 Abhängigkeit der Kapazität des NaAc · 3 H_2O-Speichers (GLS-60) von der Zyklenzahl

Eine konstante Speicherkapazität wird auch bei großen Zyklenzahlen beobachtet. Innerhalb von 365 Zyklen einer ununterbrochenen Folge von Wärmeein- und Wärmeausspeisungen zeigte sich die Konstanz des Speicherverhaltens.

Für einen Temperaturbereich von 40–60 °C ergibt der NaAc · $3H_2O$-Speicher, genannt GLS-60, bei einer Speicherdichte von 345 MJ/m^3 das vierfache Speichervermögen eines Wasserspeichers. Bei 50–60 °C führt dieser Vergleich zum achtfachen Wert der Speicherfähigkeit gegenüber Wasser (330 MJ/m^3).

Bei Verwendung von Glaubersalz ($Na_2SO_4 \cdot 10H_2O$) als Latentwärmespeichermaterial konnten wir ebenfalls eine hohe Zyklenstabilität nachweisen [28]. In Abbildung 9 sind Ergebnisse der Wärmeein- und Wärmeausspeicherung aufgeführt, die an einem halbtechnischen Versuchsmuster unter Verwendung von 50 kg Salzhydrat erhalten wurden. Die Meßwerte des 5., 30. und 50. Zyklus sind den berechneten Kurven für stöchiometrisches Glaubersalz ($Na_2SO_4 \cdot 10H_2O$), technisches Glaubersalz mit erhöhtem Wassergehalt ($Na_2SO_4 + 12H_2O$) und Wasser gegenübergestellt. Für technisches Glaubersalz ergibt die Berechnung der Speicherdichte im Vergleich zum stöchiometrischen Salzhydrat eine verminderte Schmelzenthalpie bei 32,4 °C und ein erhöhtes Energiespeichervermögen infolge der Auflösung von $Na_2SO_4 \cdot 10H_2O$ in der gesättigten Lösung unterhalb des Schmelzpunktes.

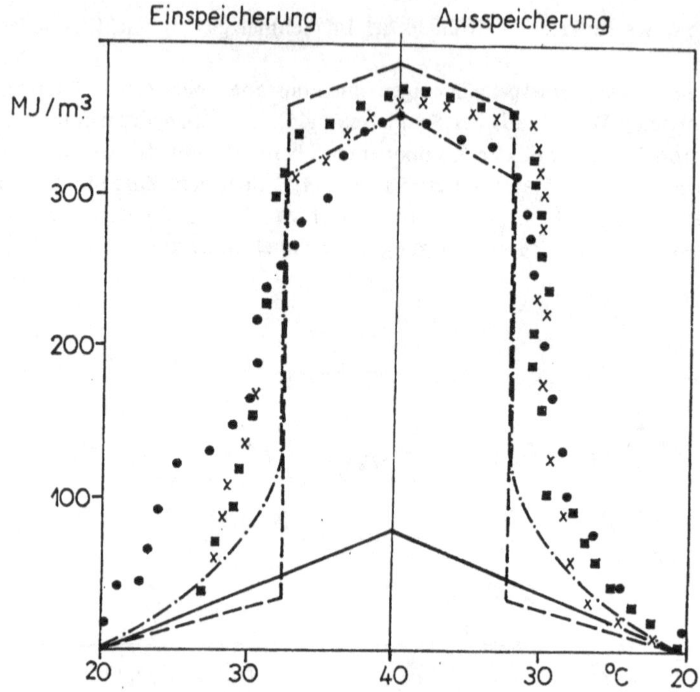

Abb. 9 Speicherdichte des GLS-Latentwärmespeichers auf Basis Glaubersalz im Vergleich zu Wasser
experimentell: ● 5. Zyklus, × – 30. Zyklus, ■ 50. Zyklus
berechnet: - - - - - $Na_2SO_4 \cdot 10\,H_2O$ (55,9% H_2O)
- · - · - · $Na_2SO_4 + 12\,H_2O$ (60,4% H_2O)
——— H_2O

Der Vergleich der Meßpunkte mit den berechneten Kurven zeigt bei der Zusammensetzung $Na_2SO_4 + 12H_2O$, die näherungsweise mit dem Einsatzprodukt identisch ist, die beste Übereinstimmung.

Der Glaubersalzspeicher, genannt GLS-30, weist gegenüber Wasser im Temperaturbereich von 20–40°C, wie Abbildung 9 zeigt, die vier- bis fünffache Speicherkapazität auf.

Die unter GLS-Bedingungen erhaltenen hohen Wärmeübertragungsleistungen sind neben der Hydrodynamik des Systems auch auf die großen Oberflächen der wachsenden oder aufzulösenden Kristallisate zurückzuführen. Im Verlaufe des Wärmeaustrages ist die Leistung proportional der pro Zeiteinheit kristallisierenden Menge des Salzhydrates. Beim Glaubersalz kristallisieren bei einer beobachteten mittleren Wärmeaustragsleistung von 0,118 kW/kg pro Sekunde etwa 0,05% des eingesetzten Salzes (Schmelzenthalpie 245 kJ/kg [32]). Der mittlere Durchmesser der gebildeten

Kristallisate beträgt 2,5 mm. Für den Wärmeaustragsbereich am Ende der Ausspeisung im Bereich von 50–100% errechnet sich hieraus eine radiale Kristallwachstumsgeschwindigkeit von $5 \cdot 10^{-4}$ mm/s. Vergleichsweise zu diesem Wert ermittelten wir unter den aktuellen Konzentrationsverhältnissen im GLS-Speicher eine lineare Kristallwachstumsgeschwindigkeit von 3,9 mm/s bei einer Unterkühlung von 6 K. Die um 4 Zehnerpotenzen niedrigere Kristallwachstumsgeschwindigkeit im Verlaufe des Wärmeaustrages im Speicher gegenüber einem Wert bei 6 K Unterkühlung läßt den Schluß zu, daß große örtliche Unterkühlungen im Speicher nicht auftreten und die beobachteten hohen Wärmeübertragungsleistungen nur im untergeordneten Maße auf das schnelle Kristallwachstum in unterkühlten Schmelzen zurückzuführen sind.

6. *Schlußfolgerungen*

Mit der Entwicklung des GLS-Wärmespeicherprinzips ist es nach den vorliegenden Untersuchungen erstmalig gelungen, die großen Schmelzwärmen der Salzhydrate effektiv zur Wärmespeicherung zu nutzen. Bei Vorliegen geeigneter chemisch und thermisch stabiler Stoffkombinationen von Salzhydrat, Wärmetransportflüssigkeit und Tensid werden Kristallisate im Wärmespeicher gebildet, die außerordentlich große Wärmeübertragungsleistungen ermöglichen. Die schlechten Wärmeleitfähigkeiten der Salze stellen somit unter GLS-Bedingungen keinen limitierenden Faktor der Wärmeübertragung dar.

Ziel der weiteren Entwicklung ist es, die stoffliche Breite geeigneter Substanzkombinationen so zu erweitern, daß für die verschiedensten Anwendungsfälle von Energieanfall und Energiebedarf der optimale Wärmespeicher mit dem angepaßten Temperaturniveau zur Verfügung steht, oder mit einer Folge in Serie geschalteter Speicher mit verschiedenen Arbeitsbereichen die effektivste Wärmeenergienutzung erreicht wird.

Der ökonomische Einsatz der GLS-Speicher ist in solchen Fällen gegeben, bei denen große Speicherdichten in schmalen Temperaturbereichen von etwa 10–20 K zu realisieren sind. Gegenwärtig gibt es im Industrie- und Haushaltbereich zahlreiche Anwendungsfälle für Speichermodule mit einer Kapazität von 50–100 kWh.

Literatur

[1] Boschnakow, I.: Sonnenenergie – eine Alternative, VEB Verlag Technik Berlin, 1982, S. 7.

[2] Oelert, G.: Thermochemical heat storage, State of the art report D 2: 1982, ISBN 91-540-3653-4, Swedish Council for Building Research, Stockholm, Sweden p. 23.

[3] Lane, G. A.: Solar heat storage: Latent heat materials Vol. I Background and scientific principles, CRC Press, Inc. Boca Raton, Florida 1983.

[4] Mancini, N. A., F. Simone, A. Strano, S. O. Troia: "Nonconventional energy" ed. by G. Furlan, N. A. Mancini und A. A. M. Sayigh, Plenum Publishing Corp. 1984, S. 221.

[5] Furbo, S., S. Svedsen: Report on heat storage in a solar heating system using salt hydrates, Thermal Insulation Laboratory, Technical University of Denmark, Juli 1977, revised February 1978, 91 p.

[6] Furbo, S.: Investigation of heat storages with salt hydrate as storage medium based on the extra water principle, Thermal Insulation Laboratory, Technical University of Denmark, Meddelelse Nr. 80, December 1978.

[7] Furbo, S.: Heat storage with an incongruently melting salt hydrate as storage medium based on the extra water principle, Thermal Insulation Laboratory, Technical University of Denmark, Meddelelse Nr. 108, December 1980.

[8] Bell, M. A., I. E. Smith: Energy **6** (1980), 1085.

[9] Reiter, F. W.: Theoretical studies on the utilization of reciprocal salt pairs for solar heat storage, Commission of the European Communities, Report Nr. Eur 6044 EN, 1978, 35 p.

[10] Birnbreier, H., B. Ziegenbein, F. Gross: Forschungsbericht T 81-050, Bundesministerium für Forschung und Technologie. Brown Bovery & Cie AG, Mannheim.

[11] Kesselring, P.: VDI-Berichte Nr. 288 (1977), 87.

[12] Marcus, Y.: Proc. First Int. Symposium on Molten Salt Chem. and Techn. 1983, I-314, 293.

[13] Kühlmann-Wilsdorf, D.: Phys. Rev. **140**, 5 A (1965), 1599.

[14] Guion, J., J. D. Sauzade, M. Laügt: Thermochim. Acta **67** (1983), 167.

[15] Lane, G. A.: Int. Journ. of Ambient Energy **1** (3) 1980, 155.

[16] Telkes, M.: Storage of solar heating/cooling, Solar Energy Application Symposium ASHRAE Meeting, Montreal 1974.

[17] Lindner, F., K. Scheunemann: Die Entwicklung eines dynamischen Glaubersalz-Latentwärmespeichers bis zur Serienreife, BRD, DFVLR-FB 81-32.

[18] Schröder, J., K. Gawron: Energy Res. **5** (1981), 103.

[19] Herrick, C. S.: ASHRAE Trans., **85** (1979), 512.

[20] Telkes, M.: Kälteingenieur **2**, 11 (1974), 465.

[21] Martin, J. F., R. N. McGrill, M. Olszewski, J. J. Tomlinson: Pelletrization and roll encapsulation of TES-materials. Thermal energy storage for building heating and cooling and industr. appl., USA – Technical Progress Report for Period March 1980 trough Februar 1981.

[22] Wood, R. J., S. D. Gladwell, P. W. O'Callaghan, S. D. Probert: Int. Conf. on Energy Storage, Brighton UK, Apr. 29 – May 1. 1981, Paper H 2, 145.

[23] DE OS 2 343525, F 24 H 7/02.

[24] WP F 28 D 234.228/0.

[25] WP C 09 K 243.619/8.

[26] DE OS 3 324 943 A 1.

[27] WP F 28 D/266 128/6.

[28] Emons, H.-H., R. Naumann, W. Voigt, W. Stocklöw, W. Ahrens: J. of Energy Res., **10** (1986), 69.

[29] Stocklöw, W., W. Ahrens, H.-H. Emons, R. Naumann, W. Voigt: Heizung, Lüftung, Haustechnik; **37** (1986) 5, 247.

[30] Lane, A., G. L. Warner, P. B. Hartwick: Solar Engineering, Aug. 1979, 19.

[31] Pebler, A.: Thermochim. Acta **13** (1975) 109.

[32] Brodale, G., W. F. Gianyue: J. Amer. Chem. Soc. **80** (1958) 2042.

ISBN 3–05–500 011–0
ISSN 0138–3965

MIX
Papier | Fördert
gute Waldnutzung
FSC® C083411

Zeitfracht Medien GmbH
Ferdinand-Jühlke-Straße 7
99095 Erfurt, Deutschland
produktsicherheit@kolibri360.de